丸山宗利

アリの巣をめぐる冒険

昆虫分類学の果てなき世界

GS
幻冬舎新書
726

新書版まえがき

本書の原著は、東海大学出版会（現在は東海大学出版部）の「フィールドの生物学」シリーズの一冊として、「未踏の調査地は足下に」の副題をつけて、２０１２年に初版が出版されたものである。それから12年がたち、私も50歳を迎える。人生の折り返し地点もとうにすぎ、研究者としては残すところ十数年、長くてせいぜい20年だろう。記憶力も衰え、研究の終わりを意識する年齢となった。今回、東海大学出版部と幻冬舎のご厚意により、原著を新書版として出版できる機会に恵まれた。読み返すと何とも恥ずかしい部分もあるのだが、こんなに元気だったのかという感慨深さもある。当時より多少とも視野は広がり、優秀な学生たちに鍛えられて、研究をもっと楽しめるようになったが、視野ならぬ視力は衰え、何より体力は落ちた。

また、研究をとりまく状況も変わった。私が学生だったころは、論文数や研究費の面で、日本の研究が活発な時代のピークだったそうだ。それが現在では、大学や博物館など、研究施設の予算は軒並み削られ、教授たちは雑用に振り回され、研究もままならないという状況に変わった。もちろん、それによって日本の研究力が目も当てられないほど下がったのは各種報道にあるとおりである。

　また、昆虫に関しては、さまざまな法規制が増え、たとえば沖縄県や鹿児島県の島々（南西諸島）では、多くは科学的に根拠のない規制により、まともに調査さえできなくなりつつある。外国でも、熱帯雨林を擁《よう》する東南アジアや中南米諸国では、生物資源に対する権利（生物由来の薬品開発の可能性など、生物の持つ価値）に関連し、昆虫採集そのものや国外への持ち出し、さらには研究さえも難しくなりつつある。そこへきて気候変動や農薬の使用、過剰な開発などにより、世界的に昆虫が減少し、せっかく採集に行っても、わずかな数しか見つからないことも多くなった。決して大げさではなく、充分な調査研究ができぬまま、多くの昆虫が人知れず絶滅に向かっているという恐ろしい状況にある。

　しかしそれでも、まだまだ研究には夢が残っていると私は思う。とにかく昆虫（もちろん、ほかの生きものも）はわからないことだらけで、わくわくするような発見が無限にある。実際、学生たちは目を輝かせて研究をしているし、私自身、とても楽しい研究生活を送っていることには変わりない。昔がよかったという点は間違いなくあるが、今さらそれを嘆いても仕方ない。情報にあふれ、研究技術が発達した今だからこそできることもたくさんある。制約のなかで可能なことだけでも、楽しいことはいっぱいあるのだ。そして何より、私たちがおこなっている研究は、失われつつある生物多様性への理解という点で、どんな些細な記録であっても、ますますその重要性が高まっている。

本書は分類学という一基礎研究における、若手研究者の記録である。12年前に原著を書いた時には、読者として後進の若者を意識した。それはもちろんそのままとして、読み返して今思うのは、何かと暗い話題が多い昨今、楽しそうな研究者を傍《はた》から見て、それを面白がってくれる人がいたらという気持ちである。

当時の表現はできるだけそのままにしたが、原著で内容がわかりにくい部分は適宜補足あるいは訂正した。研究成果がその後出たものについては、必要に応じて新書版注を加え、本書の最後でも近況を紹介している。個人名や所属に関しては、人によっては立場も変わった場合もあり、近年の個人情報に関する扱いも尊重しつつ、一部変更あるいは削除した。また、12年という歳月の間、交流のあった著名研究者のなかには亡くなった方もおり、没年を追加した。

まえがき

私の研究対象はアリと共生する昆虫である。たとえ生き物が好きでも、詳しく知っている人はとても少ないだろう。本書はそんなあまり注目を浴びることのない生き物の研究記録である。

物心がついたころにはすでに生き物に興味があり、23歳で大学院生となってからはとくに研究対象の昆虫を夢中で追いかけてきた。そんな私も今年（２０１２年当時）で38歳になる。その間に大学院の卒業やアメリカ留学、大学への就職など、人生の節目ともいうべきできごとがいくつかあったが、これまでの人生を川に喩《たと》えると、本流の部分は常に昆虫の研究にあり、そのほかのことは大なり小なり支流にすぎなかった。

本来ならば人生の節目節目で自覚して成長するような、年齢に応じた生活への緊張感を私もとっくにもっていなければならない。しかし、まったく幼いままとは言わないが、そのような成長の機会は少なく、ドングリを拾い続ける子供のように、これまでただただ虫を追いかけてきた。こうして38という数字を自分で書いてみると、その数字に自覚がもてないというより、時間という現実に対して、なにか生々しい気持ちさえする。

いっぽう、40歳を年齢からみた人生の折り返し地点だとすると、それを目前にした現在の年齢は、これまでの研究生活を振り返るのに最適な時期のように思える。どんな人でも同じだが、さまざまな人との出会いや経験が重なっていまの自分があり、研究者の場合には研究内容がある。昆虫の研究者というのは特殊な職業であり、同時に決して少なくない数の子供や若者たちの夢でもある。だから、私のような者がその研究の記録をつづることは、単なる自己満足にとどまらないだろうという期待もある。いまこそ自分の年齢と冷静に向き合って、何かそれなりのものを誰かに伝えるときなのかもしれない。

本書の題にある「冒険」というのは少々大げさな言い方に聞こえるかもしれないが、およそ普通の人には想像もおよばず、実際にアジアではほとんど研究されていなかった「アリの巣の中」という世界で新たな発見をすることは、私にとってまさに冒険というほかなかった。世界で誰も見たことのない生き物を見つける——その興奮は、登山家が未登峰の頂上を制覇することに似ているかもしれない。決してまだ自慢のできる研究成果は出ていないが、「夢がある」という点では、私は自分の研究に少し自信がある。

本書を読み進め、まだあまり知られていないアリと共生する昆虫の世界を知っていただき、さらに研究の楽しさや興奮を共有していただければうれしい。

著者

アリの巣をめぐる冒険／目次

第3章 研究の枝葉を伸ばす

DTP 美創

南アメリカで訪れた調査地

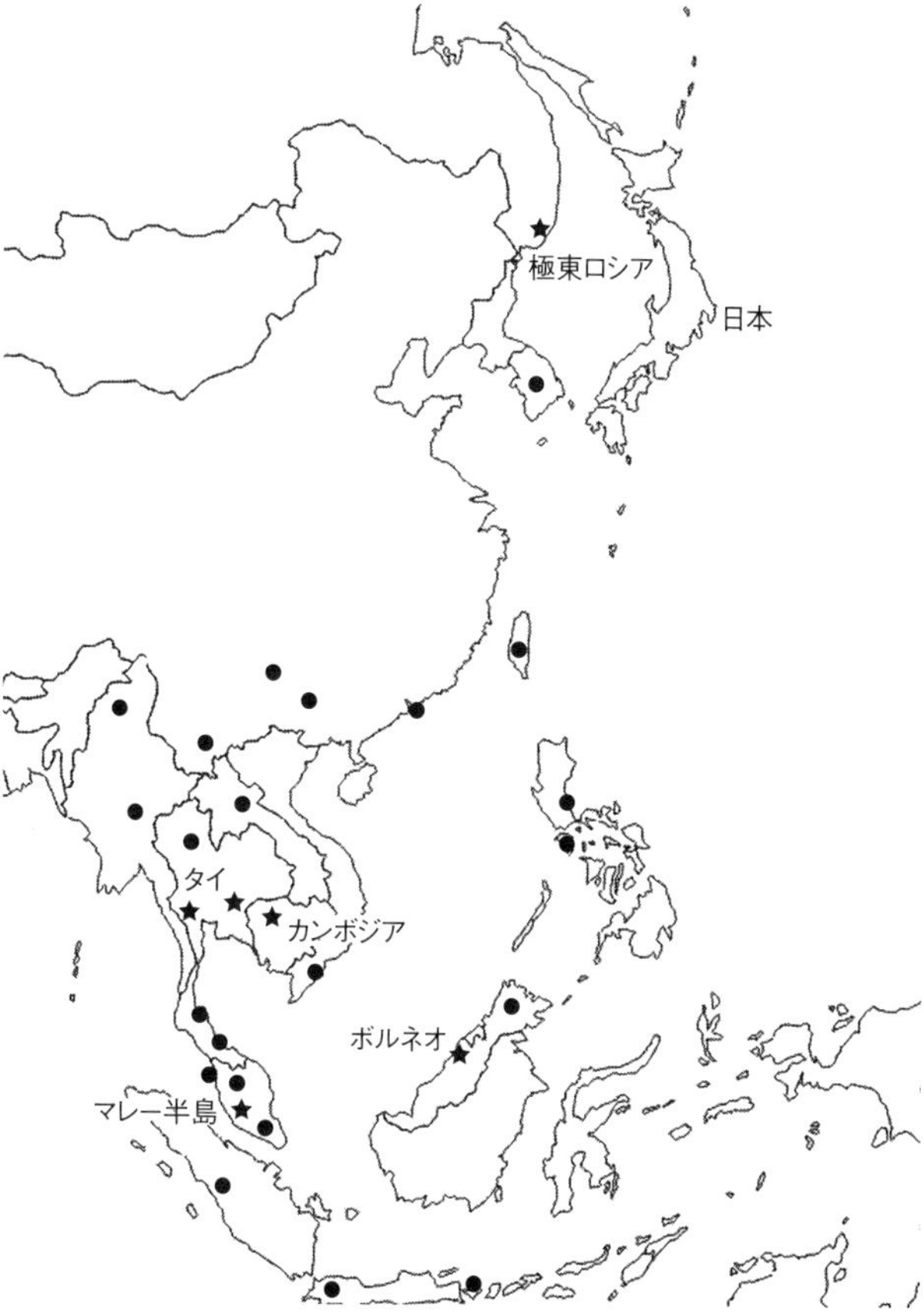

日本以外のアジアで訪れた調査地
（本書で紹介する調査地は星印で示した）

本書は2012年9月東海大学出版部より刊行された『アリの巣をめぐる冒険─未踏の調査地は足下に─』に加筆・修正したものです。

第1章 好蟻性昆虫学ことはじめ

アリクイエンマムシの発見

春の札幌から

雪が解け、ぬかるんだ道がようやく乾くとき、雪で押しつぶされた枯れ草の隙間からエゾエンゴサクやキバナアマナの花が一斉に顔を覗かせる。アオダモやハルニレが芽をほころばせ、あちこちの水路にミズバショウが苞《ほう》を開く。

それから初夏へかけての透き通るような空の下、森へ出かけるたびに目に映る虫の顔ぶれが変わる。それぞれの虫がとても短い出現期間のピークをもっていて、入れ代わり立ち代わり主役が交代するのだ。北海道の長い冬を思うと、春の訪れはうれしいものだが、虫を追いかける者には一刻の猶予もならない季節のはじまりでもある。

１９９７年６月のある日、北海道大学農学研究院の修士１年生になったばかりの私は、札幌の円山《まるやま》を訪れていた。円山は札幌の町からほど近い森で、昆虫採集地として昔から有名な場所である。

やわらかい新葉におおわれた木々の梢から暖かい陽が差しこみ、カツラの根元からシマリスが飛び出し、カラ類が忙しそうに木々の間を渡っていく。

図1-1 ヒメヒラタアリヤドリ *Homoeusa* sp.（左）とヒゲナガヒラタアリヤドリ *H. longicornis*（右）（著者撮影）.

図1-2 クロクサアリ *Lasius*（*Dendrolasius*）sp.（島田拓撮影）.

私は登山道の脇にあるクロクサアリ *Lasius*（*Dendrolasius*）sp. の巣の前に横たわり、アリの行列の中を縫うように歩くヒメヒラタアリヤドリ *Homoeusa* sp.[*1] とヒゲナガヒラタアリヤドリ *H. longicornis* Sharp, 1888［図1−1］という小さなハネカクシ（後述）を観察していた。ヒメヒラタアリヤドリは体長2・5ミリメートル程度の微小種で、アリよりかなり小さく、ヒゲナガヒラタアリヤドリは4ミリメートルほどのやや大型種で、アリと同程度の大きさである。両者ともあてもなくクロクサアリの通り道の上を歩きまわっているようにみえる。

クロクサアリ［図1−2］は体長4ミリメート

＊1―本種は現学生の野崎翼君の健筆により、*Homoeusa ovata* Nozaki & Maruyama, 2023という学名で新種発表された（Nozaki & Maruyama, 2022）。野崎君はいくつかの近縁属とともに、本属の進化と分類を博士課程の研究課題として継続している。

ル程度、数万頭の働きアリからなる巨大な巣を作るアリで、生きた木の根元を掘り進み、そこに共生菌と木屑でできた巣を作る（ただし、菌の役割は不明）。アブラムシの出す甘露（植物の汁を吸って出す、アミノ酸や糖分に富んだ排泄物）を主要な餌とし、アブラムシの集まっている場所と巣の間に恒常的な長い通り道を作る。ケアリ属クサアリ亜属に属し、日本にその仲間は合計7種を産する（未発表）。

さて、クロクサアリの通り道でそのハネカクシはいったい何をしているのだろうか。このわずか数年前、ヨーロッパ産の同属のハネカクシ *Homoeusa acuminata* (Märkel, 1842) で、アリの運ぶ餌に乗って盗み食いをするという行動が観察されていた（Quinet & Pasteels, 1995）。それでは、日本の種ではどうだろうか。

観察していると、クロクサアリがときおり、長い行列の途中で見つけた昆虫の死骸も巣へと運ぶことに気づいた。おそらくアブラムシの甘露では補いきれない栄養を摂るためだろう。巣の前に横たわって観察をはじめて3日目のことである。ヒメヒラタアリヤドリはアリが昆虫の死骸の破片を運んでいるのを見つけると、その破片に跳び乗り、それをかじっていた〔図1-3〕。予想していたとはいえ、アリの運ぶ餌に跳び乗るハネカクシを最初に見つけたときには、見慣れた虫の裏の顔を見たようでとても驚いた。多いときには1つの小さな破片に10頭近いハネカクシがかじりついており、それでもアリは気づかないのだから、その様子は滑稽にさえ感

図1-3 アリの運ぶ餌に乗るヒメヒラタアリヤドリ *Homoeusa* sp.（島田拓撮影）.

じられたものだ。それからアリに意図的に昆虫の死骸を与えても、ハネカクシの同様の行動が観察された。

しかし、やや大型のヒゲナガヒラタアリヤドリの行動は違った。アリと同程度の大きさなので、さすがに餌に跳び乗ることはしない。アリが一度に運びきれない餌、たとえばミミズや大きな昆虫の死骸を解体するとき、そこにアリと一緒に群がって食べていた。つまり、ヒゲナガヒラタアリヤドリは、アリが餌を見つける機会に便乗するために、アリの行列の中を歩きまわっていたのである。どちらも自分で食べ物を探さず、アリの見つけた餌に依存するのは同じだが、近縁な2種でこのように大きく生態が違うのは興味深い。

ヒメヒラタアリヤドリではヨーロッパ産種と同様の行動を追認し、ヒゲナガヒラタアリヤドリではこれまでに本属で知られていなかったことを観察した。いずれも些細な発見にすぎないが、研究をはじめて早々のできごとであり、ハネカクシの行動の面白さもあって、とてもうれしかった。しかしこの発見と同じ日、また別の思いがけない発見があった。

未来への期待

小さな虫の観察に疲れ、さて帰ろうかと木の根元にふと目をやると、巣の入り口のそばの地面から黒い虫がお尻（正確には腹部の尾節板《びせつばん》という部分）を出してもぞもぞと動いている。

最初は小さなコガネムシの一種であるヒメビロウドコガネだと思った。だったらこんなところで何をしているのかと、いたずら心で何気なくつまみあげてみたのである。ところが、出てきたのは、アリを咥《くわ》えた8ミリメートルほどの大きなエンマムシの一種だった。

エンマムシ科Histeridaeとは2〜10ミリメートル程度の甲虫の一群で、小型ながら硬い体をもち、全体に丸っこいのが特徴である。大部分はウジのような軟らかい昆虫の幼虫を食べるが、アリを食べるとは聞いたこともない。しかし、手のひらに乗っているエンマムシは見まがうことなくアリを食べている。

そのとき、私の所属していた昆虫体系学教室の助手でエンマムシ専門家の大原昌宏さん（現北海道大学総合博物館教授）が、以前に青森のクサアリの一種の巣で正体不明の大きなエンマムシを1頭採り、追加個体を探していると話していたのが頭をよぎった。まさかそんなものが、多くの昆虫採集者が訪れているこの円山にいるとは。

見る場所を変えると次々にそのエンマムシは見つかった。どうやら、クサアリの巣のある木の根元に坑道を掘り、そこで待ち伏せしてアリを食べているようだ。

何日もずっと見ていた同じアリの巣に、このような大型のエンマムシが複数いたとわかったときには、まったく狐につままれたような気持ちがした。たまたま気まぐれに目を向けた「お尻」に気づかなければ、この発見はなかっただろう。

しかしこのようなことが生き物の調査ではありふれた出来事であることを、その後の調査でもいやというほど味わった。生き物の発見は視点がすべてなのである。このときの発見はあくまで幸運なできごとであって、多くの場合、知識に基づく独自の視点をもたなければ、新しい発見にはなかなか遭遇できない。確固たる才がなければ多くの生き物の存在を簡単に見落としてしまうのが野外調査の怖さでもある。

まさに意気揚々。このときの青空のまぶしさはいまでも目に焼き付いている。自転車を飛ばして大急ぎで教室に戻った。道すがら、アリを食べるずんぐりしたエンマムシの姿を哺乳類のアリクイに重ね合わせ、「アリクイエンマムシ」という名前を思いついた。

「大原さん！『アリクイエンマムシ』がたくさん採れました！」と着いてすぐに十数頭のエンマムシの入った瓶を差し出し、ぎょっとする大原さんの顔を得意げに見つめた。そして大原

図1-4 アリクイエンマムシ *Margarinotus maruyamai*（著者撮影）.

さんは言った。

「よし、アリクイエンマムシという和名で、マルヤマイという学名で記載しよう。」

このとき、このままこのような調査を続けていれば、もしかしたらまたこんな発見、自分にとってはうれしい大発見があるのではないかと思った。

その翌年、アリクイエンマムシ *Margarinotus maruyamai* Ôhara, 1999［図1-4］は記載（新種として発表）され、多くの甲虫研究家や愛好家を驚かせた。また、この種がヒメエンマムシ属 *Margarinotus* のなかでとても変わった形態をしていることから、アリクイエンマムシ亜属 *Myrmecohister* という新しい亜属（属の1つ下の階級）も設立された(Ôhara, 1999)。なお、学名の種小名（後述）に人の名前がつく場合、「○○氏（または名）の」という意味で、その人が男であれば名前の語尾に「i」がつけられ、女であれば「ae」がつけられるのが普通である。

私はその後200巣近いクサアリ亜属の巣を見ているが、アリクイエンマムシを見つけたのは4回のみで、しかも十数頭を一度に得たのはこのときが最初で最後である。いまでもアリクイエンマムシは、日本のエンマムシではもっとも稀な種の一つとされている。

いままでの研究生活を振り返ってみると、このように稀な種を最初に見つけてしまったことに、何かの因縁を感じずにはいられない。いまでこそたくさんの新種を発見しているが、その後の研究を強く後押ししてくれた点で、アリクイエンマムシの発見は私にとって格別に重要な意味をもっているのである。

ハネカクシの世界の門を叩く

ヒゲブトハネカクシ亜科に挑戦

ハネカクシ科 Staphylinidae は甲虫目（またはコウチュウ目、鞘翅《しょうし》目）の一群である。おそらく知る人は少ないだろう。甲虫目はあらゆる陸上の動物のなかで最大の種数を誇る分類群で、世界に37万もの種が知られている。実はハネカクシ科は、知名度こそ低いが、そのなかの最大の科で、世界から6万5000種あまりが記録されている。さらにいえば、分類が進んでいないため、まだ学名のついていない種の数は計り知れず、最終的にはその数倍にのぼるともいわ

図1-5 マレーシアで採集した大型の甲虫類.

れている。

甲虫目といえば、カブトムシやクワガタムシ、カミキリムシなど、大型の昆虫［図1―5］が想像されがちだが、実はそれらは少数派で、大部分は5ミリメートル程度かそれ以下の小型種からなる。

昆虫のなかでとりわけ甲虫が大きな繁栄をとげている理由の一つに、この小型化がある。同時に、甲虫のもっとも重要な特徴は、前翅《ぜんし》を甲羅のように硬くし、後翅《こうし》と腹部をおおったことであるが、この特徴は水分の奪われやすい乾燥した場所や病原菌に感染しやすい過湿な場所でも生存を可能にした。硬くて小さな体は、石の下や朽ち木の隙間などの隠蔽《いんぺい》的な場所を中心に、さまざまな環境への適応を可能にし、それが現在の甲虫の繁栄につながっている。

ハネカクシも多くは5ミリメートルかそれ以下の小型種からなるが、ほかの甲虫との大きな違いは、前翅が短くなり、腹部を露出させている点である。大部分の甲虫にみられる硬い前翅という特質を放棄していることになるが、代わりに腹部を硬くし、長く伸ばし、それを自在に曲げることによって、土壌中を中心に、さまざまな隙間環境への適応を可能にした。隙間に入るには体を単純に小さくすればいいと思うかもしれないが、そうするとこんどは、子の生産数が下がったり、餌資源の量や種類が限られたりすることになる。

ハネカクシ科のなかには31もの亜科（科より1つ下の階級）があり、そのなかでヒゲブトハネカクシ亜科 Aleocharinae が私の専門としている分類群である。さきほどのヒメヒラタアリヤドリも、この後紹介するハネカクシの大部分も、ヒゲブトハネカクシ亜科に属する。ヒゲブトハネカクシ亜科はハネカクシ科最大の亜科で、ハネカクシ科の種数の4分の1近くを占める。

ヒゲブトハネカクシ亜科の種の多くは小型で、互いに似通っており、甲虫のなかでももっとも分類のむずかしい仲間とされている。日本での分類学的研究は立ち遅れており、いまだ既知種の同定（名前を知ること）さえままならない状況である。

また、その種数もさることながら、生息環境も幅が広い。海岸から高山まで、地中から木の上まで、果てはアリやシロアリの巣にすむ種も非常に多い。北極や南極などの氷に閉ざされた地域を除き、地球の陸上の生き物の生息する場所で、ヒゲブトハネカクシのいない環境を探すほうが困難なほどである。

図1-6 ヒゲブトハネカクシ属の一種 *Aleochara japonica* Sharp, 1874（*A. asiatica* Kraatz, 1859と同種とされる）の模式標本（著者撮影）.

このような背景のもと、学部時代の最初の指導者でありハネカクシの研究者である直海《なおみ》俊一郎さんの勧めもあり、私は修士課程からヒゲブトハネカクシ亜科の分類学をはじめることになった。

分類学というのは、ごくごく簡単にいえば、ある生き物の名前や所属を明らかにし、その種なり、大きな所属（右にあげた亜科など）なりに名前がついていなければ、それに名前をつける――つまり、命名を基本に、さまざまな生き物を体系づける学問である。「新種を発表する」というのも、それがすべてではないが、研究内容の一つである。どんなものでもそうだが、名前がついていなければその存在を社会で共有することはできない。ジャイアントパンダ（イロワケグマ）に関して、「目のまわりが黒くて、硬い竹をおいしそうに食べる大きな獣」では不便で、「ジャイアントパンダ」という名前がついていれば、少なくとも日本人の誰もが簡単にその存在を認識し、その認識を共有することができる。さらに、*Ailuropoda melanoleuca*（David, 1869）という学名がついていれば、それは世界の共通名ともなる。極端な例をあげたが、このように分類学は、生物の種を認識し、そこから生物多様性を理解するためのもっとも基礎的な生物学の一分野といえる。

ヒゲブトハネカクシ亜科といっても、日本だけで16族（亜科の下の単位）、１１０属、４００種近くが記録されており、その分類（属や種の区別）の困難さから考えても、全部を研究するのはとても無理である。そこではじめは、大型でもっとも身近にみられ、それにもかかわらず同定のむずかしいヒゲブトハネカクシ属 *Aleochara* の分類学を修士論文の課題にしようと決意した［図1-6］。ヒゲブトハネカクシ属は、腐肉や哺乳類の糞、腐った植物質等に集まり、そこでウジを食べる一群である。

研究課題の悩み

ところが、研究をはじめてしばらくして、指導教官の大原さんの一言で大きく方針転換をすることになる。

「ヒゲブトハネカクシ属のどこが面白いの？　なにか分類以外に面白いことはあるの？」

そう言われてみると生物学的にそれほど面白いものではないと思った。分類学には実学の面があり、研究の進んでいない部分を専門にすると、たしかに多くの人に喜ばれるし、実際に役に立つ。しかし、専業の研究とする場合、分類だけでは成果として評価されにくく、それに付随する生物学的な面白さがないとさまざまな場面（研究資金の獲得など）で不利となる。[*2]

もちろん、これは分類学本来の目的からすれば本末の転倒といえる。日本は世界的にみてもきわめて多様な生物相をもつが、分類学のはじまりがヨーロッパより100年以上遅れており、まだまだ多くの生物に学名がついていない。このような状況で、分類学だけでは研究として成立しない、あるいは評価されにくいというのは、なんとも虚《むな》しいのではないか。

いっぽう、純粋な分類学だけに執着せずに、幅広い視野で研究をおこなわざるをえない現実は、研究者を志す者にとっては良い勉強の機会ともなり、その知識は分類学の研究成果をより深めることになるのも事実である。むしろ、分類学を通じてさまざまな生き物の興味深い事実を知りながら、別の研究手段に興味をもたないことは、不自然といえるかもしれない。あとで述べるように、かくいう私も人一倍多くのことに手を伸ばしてきた。

分類学の背景にある日本の自然史的研究の問題点（分類学だけでは評価を受けにくいということ）を批判的に咀嚼《そしゃく》しながら、裾野を広げて研究を進め、独自の立ち位置を考えていくことが若い分類学徒にとって必要な姿勢といえるだろう。

さて、話はもとに戻る。ちょうどそのころ、大原さんはクサアリ亜属の巣にみられる甲虫の調査を、博士課程1年の溝田浩二さん（現宮城教育大学准教授）と開始していた。そして大原さんに言われた一言が私の研究者人生を決めた。

「どうせなら丸山くんはアリの巣にいるヒゲブトハネカクシ亜科をやればいいのに。これならきっと面白いよ。」

ある生物がその生活史（一生）のなかで、多少ともアリと共生あるいは依存することを好蟻《こうぎ》性《せい》（myrmecophily）という。シジミチョウをはじめ、アリヅカコオロギやアリスアブなど、さまざまな昆虫の分類群に好蟻性種が知られており、アリとの関わり方は種によってまさに千差万別である。シジミチョウのなかだけでも、幼虫が植物の上で葉を食べつつ、アリに甘い蜜を与え、代わりに外敵から保護してもらうものから、アリの巣の中に入りこみ、アリに餌をもらったり、アリの幼虫を食べてしまったりするものもいる。よくいわれる「相利共生」と「片利共生」の線引きは実はむずかしく、ここでは、寄主《きしゅ》アリの利害の大小にかかわらず、単純に一緒に生活するという意味で、「共生」という言葉を用いたい。

＊2―このような考えだったにもかかわらず、ヒゲブトハネカクシ属は、私の最初の教え子である山本周平君の研究課題の一部となり、膨大な標本に基づく精緻な複数の論文として出版された（Yamamoto & Maruyama, 2012, 2013, 2016a, b）。私が2011年にロンドンの自然史博物館に滞在し、全種の正体が明らかになったからという背景がある。山本君は他の昆虫でも世界的な論文を多数出版し、いまや日本の昆虫分類学の若手で抜きんでて優秀な人材となっている。

ヒゲブトハネカクシ亜科は、アリとの共生になじむように進化しやすい形態学的な「素養」(後で説明)をもともともっているとみえて、ヒゲブトハネカクシ亜科のなかで、他の分類群と比較して好蟻性種がずばぬけて多数回進化している。また、一口に好蟻性のヒゲブトハネカクシといっても、その生活ぶりは先ほどのシジミチョウ以上に多様で、アリの好む物質を出してアリから口移しに給餌を受けるもの、アリの巣に紛れこんで餌の残りを食べるもの、アリの巣の周辺にすんで、弱ったアリを食べるもの、果てはアリの背中に乗って生活するものなどがいる。

アリとの共生、たしかに面白いのではないか。ヒゲブトハネカクシ亜科を研究するのに好蟻性種をやらないのはもったいない。そこで私は早速、研究対象を好蟻性のヒゲブトハネカクシ(以下、ヒゲブトハネカクシ亜科の総称として「ヒゲブトハネカクシ」を用いる)に切り替え、札幌周辺での野外調査を開始した。

もともと共生という事象には心惹かれるものがあった。イソギンチャクとクマノミ、ナマコとカクレウオ、テッポウエビとハゼなど、まったく違う生物が一緒に暮らしていることを子供のときに図鑑で知ったときの驚きは忘れようもない。その不思議な感動は、いまでも心の底にゆったりと流れており、研究を続けるいちばんの基本的な動機になっている。

好蟻性昆虫の分類学

ルイスの神業

日本の好蟻性昆虫の分類学ははじまったばかりである。いや、そういうと先人たちに失礼だろう。再開されたばかりとでもいおうか。

好蟻性昆虫の大部分を占める甲虫についていえば、イギリス人貿易商のジョージ＝ルイス（George Lewis　１８３９〜１９２６）［図1-7］の偉大な貢献を最初に語る必要がある。時代は慶応から明治初期にさかのぼり、そのころルイスは2回日本を訪れた。

図1-7 壮年のジョージ＝ルイス（George Lewis）.

まず、１８６７年ごろに最初に日本にやってきて、５年間の滞在中に、長崎や関西で採集をおこなった。彼の採集によって多数の甲虫がイギリスを中心としたヨーロッパへもたらされ、数人の研究者がその標本から多くの新種を記載し、日本産甲虫の種の多様性の高さとその特徴が世界に知られることになった。その後、１８８０年ごろからは2年間、ルイスは北海道から鹿児島まで、日本本土をくまな

図1-8 晩年のデイヴィッド＝シャープ（David Sharp）.

く採集してまわり、さらに彼が採集法を教えこんだ日本人助手の成果もあり、膨大な甲虫類を本国へともち帰った。

ルイスは貿易商であると同時にエンマムシ科を主な専門とした甲虫の研究者だった。エンマムシ科は少なからぬ好蟻性種を含むことから、好蟻性甲虫全般の採集に長けていたのだろう。このときの採集旅行で多数の好蟻性種も採集している。その成果は驚くべきもので、比較的採集の困難な種を含め、日本の好蟻性甲虫の主要なものは一通り発見している。１００年以上前の日本の自然環境は、いまとは比べものにならないほど豊かだったに違いないし、昆虫の生息数もいまよりずっと多かったことはいうまでもないが、好蟻性昆虫の採集は奥の深いもので、それなりの技術を要する。この成果を通じて、彼の採集技術と好蟻性種に対する注目度の高さがよくわかる。いずれにしても、ルイスのおこなった採集は日本の好蟻性昆虫研究の礎を築いたものとして、高い評価を受けるべきものだろう。

エンマムシはルイス自身が記載しているが、「アリヅカムシ科」（以前は独立の科とされていたが、現在ではハネカクシ科の一亜科とされる）を含むハネカクシの標本は、ルイスと同世代の若手研究者だったデイヴィッド＝シャープ（David Sharp　１８４０〜１９２２）［図１－８］

に託され、ほかの好蟻性ではないハネカクシやアリヅカムシとともに大部の論文として発表された。また、これらのシャープの仕事は、日本におけるハネカクシ科全体の分類学の重要な土台となっている。

その後長らく、日本の好蟻性昆虫に関するまとまった分類学的研究はあまりなく、国立科学博物館の野村周平さんによるアリヅカムシのすぐれた研究があるのみだった。ほかはわずかな研究材料による断片的なもので、アリヅカコオロギ、シジミチョウ、アリスアブ、ノミバエなどの甲虫以外のものを含んでいる。少なくとも、好蟻性昆虫の分類学を専門とする日本人研究者は現れなかった。

ワズマンとキストナー

いっぽう、世界へ目を向けると、非常に古くから研究がおこなわれていたのがわかる。それはアリ研究の開始と同時に進められたといってよい。最近のアリ関係の洋書を開いても、かならずといってよいほど好蟻性昆虫に少なからぬページが割かれており、欧米における好蟻性昆虫研究の歴史の長さと関心の高さがうかがえる。

最初にあげるべきは、オーストリアのエリッヒ＝ワズマン（Erich Wasmann　１８５９〜１９３１）［図1-9］だろう。カトリックの神父だったが、精力的に好蟻性昆虫を研究し、近代的

Abb. 1.

Abb. 2.

Abb. 3.

Abb. 4.

図1-9 エリッヒ＝ワズマン(Erich Wasmann)の幼児期から晩年までの肖像. 父親は画家で, そのため幼児時代の絵(左上の赤ん坊)が残っている.

な好蟻性昆虫研究の草分けといってよい。ワズマンは多くの研究者や探検家の協力を得、とにかく世界中からさまざまな好蟻性昆虫を記載し、その豊かな多様性と生活の面白さを世に知らしめた。また、好蟻性昆虫のみならず、アリやシロアリ、好白蟻《こうはくぎ》性《せい》昆虫（シロアリと共生する昆虫）にまで研究範囲を広げており、当時としては斬新な進化論を展開している。

そして、忘れてはならないのがイギリスのホレス＝ドニソープ（Horace St. J. K. Donithorpe 1870〜1951）である。アリ学者として有名であるが、好蟻性昆虫にも造詣が深く、『イギリスのアリの客（The Guests of British Ants）』（Donithorpe, 1921）という本を著した。これは後にも先にも好蟻性昆虫のみを扱った学術書としては世界で唯一のものである。

また最近では、アメリカのデイヴィッド＝キストナー（David H. Kistner 1931〜2021）［図1-10］さんがハネカクシを主体とした好蟻性昆虫と好白蟻性昆虫の大家であり、自らアフリカをはじめとして世界中へ調査に出かけ、膨大な種を採集し、記載している。キストナーさんが研究をはじめたころには、世界中の博物館に収蔵されている好蟻性昆虫を全部集めても、わずか数千頭だった。しかし、彼の精力的な野外調査は、その標本数を何十倍にも膨らませ、同時に好蟻性昆虫に関する

図1-10 デイヴィッド＝キストナー（David H. Kistner）さん.

知見を大きく前進させた。キストナーさんが現代の好蟻性昆虫研究の偉大な権威であることに疑問の余地はない。

しかし、いくら大家がいたからといっても、調査されていないことはまだたくさんある。キストナーさんの調査の行き届いていない地域も多く残されている。とくにアジアの好蟻性昆虫の種の多様性については、地域によってはほとんど手つかずといってもよかった。また、キストナーさんの研究には少なからぬ問題点もあった。

アリの巣をめぐって、名もなき虫を見つける

まずはクサアリの巣から

クサアリの巣には、最初に述べたヒラタアリヤドリ属 *Homoeusa* の仲間のほか、クサアリハネカクシ属 *Pella* のハネカクシ［図1-11］が多い。クサアリハネカクシはクサアリさえ見つければかならずみられ、しかも個体数が多いが、日本産種の分類は遅れていた。日本からは5種が記録されていたが、普通にみられる種だけでもそれ以上いて、それらの同定さえままならない状態にあった。当時この属はアリノスハネカクシ属 *Zyras* の一亜属とされるのが普通だった。日本のアリノスハネカクシ属には、もう1つアリノスハネカクシ亜属 *Zyras* があり、こち

図1-11 クロツヤクサアリハネカクシ *Pella comes*（小松貴撮影）.

らも分類学的な問題を抱えていたことから、修士論文の課題は日本産の（当時の）アリノスハネカクシ属の検討とした。

そこで最初は、クサアリハネカクシを対象として、クサアリの巣の調査をおこなうことにした。

クサアリの巣の調査は、なかなか奥の深いものである。まずはクサアリの巣を見つけることからはじまる。決して珍しいアリではないのだが（ただし種によっては稀）、1つの巣の規模が大きいことも関係してか、一般に巣の数が少ないという特徴がある。

幸い、北海道では本州以南に比べて巣の密度が高く、北海道大学構内や街路樹など、どこにでも営巣しているほどだった。本州以南では、いちばん多く見られるのは、低地から山地のコナラやクヌギ、エノキなどを主体とした薪炭《しんたん》林《りん》や雑木林で、次に高地のシラビソなどの生える山地の針《しん》広混淆林《こうこんこうりん》、暖かい地方の照葉樹林ではかなり少なくなり、

図1-12 ヤノクチナガオオアブラムシ *Stomaphis yanonis* の集団とフシボソクサアリ *Lasius nipponensis*（小松貴撮影）.

山地のブナ林でも稀となる。

このように、生息環境には一貫性がなく、ほかの多くの昆虫の採集で参考となる標高や針葉樹と広葉樹の違いでは一概にクサアリの産量が推測できないことに気づいたのは、採集の経験をかなり積んだ後のことである。はっきりとしたことはいえないが、クサアリの生息には、クサアリが恒常的に甘露を得る大型のアブラムシと寄主植物との関係が影響しているようである。クヌギにはクヌギクチナガオオアブラムシ *Stomaphis japonica* Takahashi, 1960、エノキにはヤノクチナガオオアブラムシ *S. yanonis* Takahashi, 1918［図1－12］、クリやナラ類にはクリオオアブラムシ *Lachnus tropicalis* (van der Goot, 1916)、シラビソやトドマツにはトドマツオオアブラムシ *Cinara todocola* (Inouye, 1936) などがつく。そのほか、ナラ類につくアブラムシ全般はクサアリに好まれるようだ。たしかにこれらの木の多いところではクサアリがよく見つかる。大型のアブラムシとして、ブナにもブナクチナガオオアブラムシ *S. fagi* Takahashi, 1960 がつくが、これにはなぜかクサアリは少なく、同属別亜属のアメイロケアリ亜属 *Chthonolasius* の仲間が依存していることが多い。昆虫の生態には常に例外がつきまとう。

さて、クサアリの生息していそうな森に着いたら、こんどはひたすら歩きまわって巣を探すことになる。クサアリは木の根元やうろに営巣した巣を中心に、放射状に行列を伸ばし、アブラムシの集団との間を往復する。運よくそのような行列を見つけたら、アブラムシの甘露を吸って腹部の膨らんだアリの向かう方向に行列をたどると、たいてい簡単に巣が見つかる。ただし、ときに行列は数十メートルにおよび、藪の中や崖の下に続いていることがあり、たどるのが困難な場合もある。調査の経験を積むと、森に入るだけで、雰囲気（湿り気と日当たり）と植生でクサアリがいるかいないかがすぐにわかり、遠目に営巣していそうな木の見当がつくこともある。多分に感覚的なものであり、説明しにくいが、直射日光の当たらない斜面にある太い木の根元が良い。そのような木を見まわると、効率よくクサアリを見つけることができる。野性の勘とでも言おうか、調査ではそういうものが力となることが多い。

なお、クサアリは非常にわかりやすいアリで、頭でっかちでツヤツヤした4ミリメートルほどのアリが、明瞭な行列を作っていれば、ほとんど見まちがうことはない。さらに、大顎腺《おおあごせん》という部分に柑橘類と同様ないし近い成分をためこんでおり、指でつまむとサンショウやミカンの皮のような独特の匂いがするので、これによってもクサアリであることを確認することができる。これは「臭蟻《くさあり》」の名の所以《ゆえん》でもある。

クサアリの巣は好蟻性昆虫の宝庫である。ただしクサアリのなかでも種によって片寄りがあり、クロクサアリ *Lasius* sp.、ヒラアシクサアリ *L. spathepus* Wheeler, 1910、モリシタクサアリ *L. morisitai* Yamauti, 1979 には好蟻性昆虫が豊富だが、残るフシボソクサアリ *L. nipponensis* Forel, 1912 とテラニシクサアリ *L. orientalis* Karawajew, 1912 には種数、個体数とも非常に少ない。理由は不明だが、クサアリの各種で大顎腺内容物の成分が大きく異なり（未発表）、それが天敵や他の昆虫に対する防御物質の機能をもつと考えられることから、その成分の差異が好蟻性昆虫の生息の可否に関係しているのではないかと推測している。

また、テラニシクサアリとフシボソクサアリには、好蟻性昆虫が少ないとはいっても、いくつかの固有の好蟻性昆虫がみられる。両種は大顎腺内容物にある特定の化学物質が飛びぬけて多く、それらの物質にうまく適応できた種だけが共生できているのかもしれない。

クロクサアリとヒラアシクサアリ以外のクサアリは基本的に少ないので、普通にクサアリを見つけたら、かなりの確率で好蟻性昆虫の豊富なクロクサアリかヒラアシクサアリのどちらかと考えてよく、調査をおこなう価値がある。

いちばん良い時期は5月（積雪地帯では雪解けから数週間後）から6月の中旬で、この時期が種数、個体数とももっとも多い。一部の種は7月に入って出現するので、その後の調査も欠かせない。

クサアリの巣の住人

クサアリの巣を見つけたら、初めて調査するのであれば、巣の入り口周辺をじっくりと観察するのが楽しいだろう。いちばん多く目にするのは、先ほど述べたヒラタアリヤドリやクサアリハネカクシの仲間の、行列の中を歩く姿である。そこで目を凝らすと、小石のようなシナノセスジエンマムシ *Onthophilus silvae* Lewis, 1884 やヒゲカタアリヅカムシ *Tmesiphorus crassicornis* Sharp, 1883、ツヤクサアリアリヅカムシ *Dendrolasiophilus concolor*（Sharp, 1883）などがゆっくり歩いているのに気づく。これらは巣の周辺に発生するトビムシやダニを捕食している。また、これら小型の甲虫を捕食するオオズハイイロハネカクシ *Philetaerius elegans* Sharp, 1889 やツノヒゲツヤムネハネカクシ *Quedius hirticornis* Sharp, 1889、エゾツヤムネハネカクシ *Q. aurorus* Herman, 2001 のような大型種もときに姿を現す。

クサアリハネカクシに関しては、個体数の多い普通種であるクロツヤクサアリハネカクシ *Pella comes*（Sharp, 1874）、コクロツヤクサアリハネカクシ *P. socia*（Sharp, 1874）、エゾクサア

リハネカクシ *P. kidai* Maruyama, 2006、ネアカクサアリハネカクシ *P. japonica* (Sharp, 1888) などは日中にも夜間にも活動するが、メダカクサアリハネカクシ *P. spreta* (Sharp, 1888) やオオクサアリハネカクシ *P. masakoae* Maruyama, 2006 は夜行性で、日中にはみられない。

　夜行性の種を含め、クサアリの巣の周辺にすむ好蟻性甲虫をいちばん効率的に採集する方法は、巣や行列の周辺の落ち葉を篩《ふるい》を使ってふるうことで、多くの種を一網打尽にすることができる。

　甲虫以外では、7月ごろにハラビロミズアブ *Clitellaria obtusa* (James, 1941) という大型のハエが巣の周辺を飛びまわる。この幼虫（大型のウジ）が巣の入り口周辺にゴロゴロいるのが見つかる。おそらくアリの巣から運び出される食べ滓《かす》や死骸かそこに発生する微生物を食べるのだろう。また翅が退化した小型のコオロギであるクサアリヅカコオロギ *Myrmecophilus kinomurai* Maruyama, 2004 も巣の周辺を歩きまわる。これはアリから口移しに餌をもらう。そのほか、アリに寄生するヒメバチ類もみられる。

　このように、クサアリの好蟻性昆虫は、主にクサアリの巣の周辺や通り道に生息し、巣の外に出されるゴミを食べたり、そこに発生する小動物を捕食したり、クサアリの餌を盗み食いしたり、アリそのものを食べたり、好蟻性昆虫そのものを食べたりしており、その生活ぶりは実に多様である。またこれらに共通する特徴として、巣の中に入りこむものが極端に少ないことがある。ほかのアリの巣に依存する好蟻性昆虫では巣の内部にすんでいるものが多いが、それらとは対照的である。しかし、恒常的な通り道を作るクサアリを好蟻性昆虫の目から見ると、通り道という安定した環境は巣の内部に等しいと思われ、それを巣の外部と判断すること自体が早計なのかもしれない。

クサアリ以外のアリも

クサアリの調査が軌道に乗ってからは、クサアリ以外のアリと共生するヒゲブトハネカクシやそのほかの昆虫にも注意を払った。あとで述べるように、最初はアリの同定に苦労した。アリがわかるようになり、好蟻性昆虫の採り方がみえてきたのは、修士課程の2年になってからだった。それからは期待通り、いやそれ以上に、次々とハネカクシの新種が見つかった。ヤマアリの一種の巣にいるアリヅカムシ、アメイロケアリの巣にいるヒラタアリヤドリの一種などである。研究をはじめたときに日本中の収集家や研究者から標本を借りたのだが、そのなかに見つからない、つまり自分が日本あるいは世界で初めて採集したであろう種も多かった。

こんなに面白いことがほかにあろうか。新種ばかりを見つけて喜んだりしているなんて研究ではないといわれるかもしれない。たしかにその通りだ。しかし、ほとんど手探りではじめたことが徐々に結実し、その結果、自分自身はもちろんのこと、世のなかの誰も採集したことの

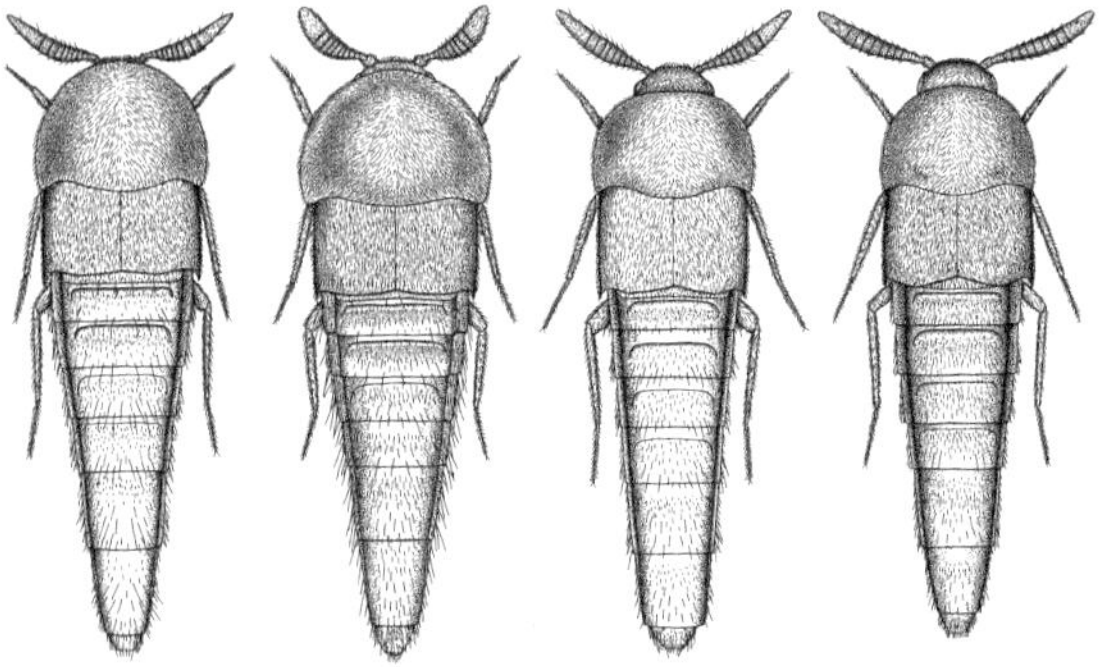

図1-13 日本産マルムネアリヤドリ属 *Aspidobactrus* 4種．左から，マルムネアリヤドリ *A. claviger*，ニシマルムネアリヤドリ *A. semiorbiculatus*，ヒメマルムネアリヤドリ *A. toyodai*，ヤママルムネアリヤドリ *A. formicae*（著者画）（Maruyama, 2000より）．

ない昆虫を野外で見出すのは、私のような生き物好きには何物にも代えがたい喜びだった。新種の発見というのは、とくに大きな手応えを感じるものだった。

また、採集の上達には新井浩二（旧姓豊田）さんといった同好者や、博士課程から同じ研究室に所属し、アリヅカムシの分類を開始した菅谷《すがや》洋《ひろし》君の助言や手助けも欠かせなかったし、彼らが初めて採集した種もあった。

とくに思い出深いのは、ヒメマルムネアリヤドリ *Aspidobactrus toyodai* Maruyama, 2000 というハネカクシで、新井さんが最初に埼玉県でカワラケアリ *Lasius* (*Lasius*) *sakagamii* Yamauti & Hayashida, 1970 の巣から発見し、多数の標本を送ってくださった。これは修士のときに出版したマルムネアリヤドリ属 *Aspidobactrus* の日本産種をまとめた論文で、新種として記載した。触角が棍棒状でかわいらしいハネカクシである

(Maruyama, 2000)。

本属はそれまで世界で日本産の1種マルムネアリヤドリ *A. claviger* Sharp, 1888 が知られるのみだったが、私の研究により3種が追加され、4種となった［図1－13］。残る2種はハネカクシ研究家の柴田泰利《やすとし》さんの収蔵品で、長野県の高標高地と中国地方からそれぞれ発見された。

長野県の種は別の方によって採集されたもので、エゾアカヤマアリ *Formica yessensis* Wheeler, 1913 の標本がハネカクシと一緒に針に刺してあった。私はそのアリの巣から採集されたと信じ、ヤマアリの属名 *Formica* にちなんでヤママルムネアリヤドリ *A. formicae* Maruyama, 2000 と名付けてしまったが、後にトビイロケアリ *L. japonicus* Santschi, 1941 の巣から採集され、それが真の寄主だとわかった。ほかの人の標本を使わせていただけるのはありがたいことだが、このような失敗もあるので、やはり自分でもしっかりと調査する必要がある。ちなみに、ラテン語の *formica* はもとはアリ全般を指す言葉なので、幸い、この学名もまちがいではなかった。ちなみに、一度つけた学名を変更することはできないので、命名は慎重に行う必要がある。

分類学の研究をはじめる

模式標本を借りる

採集したハネカクシの種の同定は、前述のシャープが著した論文を参考にした。１８７４年と１８８８年に出た論文（Sharp, 1874, 1888）だが、分類学ではこのような古い論文が長らく重要な文献として使われ続けることが少なくない。図が一つもなく、数行のラテン語とそれを補足する数行の英語からなる文章が1種あたりの記載内容だが、彼の記述は非常に要領を得ており、多くの種はそれだけでかなり同定することが可能だった［図1-14］。余談だが、ハネカクシ研究の世界で「シャープの記載はシャープ（鋭い）」と言われている。

しかし、論文だけでの同定には限界があり、図のない古い論文によって記載された種の場合、「模式標本（type specimen）」を検討することが必要不可欠である。模式標本とは、その種の新種記載に使われ、その学名のよりどころとなる標本である。残念なことに、古くに記載された日本産種の模式標本の大部分はヨーロッパや北米にある。郵便事情が悪く、渡航もいまほど容易でなかった時代には、日本人研究者の多くは模式標本を見ることができず、そのための誤同定をもとに論文や図鑑が作られ、その後の種同定に混乱をもたらしたことが少なくなかった。

17. *Myrmedonia comes*, n. sp. (affinis *M. funestæ*). Nigro-fusca, nitida, antennis pedibusque rufis; prothorace subquadrato, basin versus leviter angustato, parce punctulato, angulis posterioribus minus rotundatis; elytris prothoracis longitudine sat crebre punctatis; abdomine supra lævigato. Long. $2\frac{1}{2}$—$2\frac{3}{4}$ lin.
Mas, a feminâ vix distinguendus.

This species is closely allied to our European *M. funesta;* it greatly resembles it in colour and in the structure of its antennæ. It is however a little more slender, the thorax and elytra are less closely punctured, its prothorax is longer in proportion to its width, more distinctly narrowed behind, and has its hinder angles less obtuse than *funesta.*

This species, as well as the *M. socius*, is found in the nests of *Formica japonica*, a tree ant allied to the European *F. pubescens*.

図1-14 Sharp (1874) の論文中にあるクロツヤクサアリハネカクシ *Myrmedonia comes* (現在は*Pella comes*)の原記載.

そこでシャープの標本が収蔵されているロンドンの自然史博物館（旧大英自然史博物館）から模式標本を借りることにした。言うのは簡単だが、これがそう容易ではなかった。そもそも自然史博物館は「一見《いちげん》さんお断り」で、貸し出しの依頼を出すだけでは、標本を借りることができない。身元のよくわからない人に貴重な標本を貸すと、標本が戻ってこない危険性があるからである。世界最大の収蔵量を誇る歴史ある博物館だけに、過去にはそのような痛みを少なからず経験しているのだろう。そこで私は、2か月ほどの間をおいて、いろいろと理由をつけて3回手紙を出した。ようやく標本を借りることができたのは、最初の手紙から8か月後のことである。度重なる手紙により、こちらの熱意と誠意、そして模式標本を見る必要性を理解してもらえたのだろう。ほかの博物館では比較的容易に借りられることもあ

図1-15 ハケゲアリノスハネカクシ *Atemeles sinuatus* Sharp, 1888（現在は *Lomechusa sinuata*）の模式標本（著者撮影）.

るが、一般に学生に貸してくれることは多くない。

それからは同定の精度が飛躍的に増した。多くの種ではシャープの記載論文を読んで予想した通りだったが、いくつかの種ではまったく見当が外れており、模式標本を見ないというのは怖いことだと身にしみて感じた。もし私が記載論文だけに頼ってまちがって同定し、その情報をもとに図鑑や論文を書いていたとしたら、その誤りがそのまま広まってしまうことになる。

また、１００年以上前の標本が非常に美しいまま残っているのは驚きだった［図１－15］。日本産種の模式標本が日本にないことは非常に不便だが、もし１００年前から日本にあったとしたら、いまごろ虫に食われて針だけになっていたか、震災や戦火で焼失していた可能性が高い。

分類学では、このような標本の借用や収集が何より重要である。まず大切なのは模式標本、そして自分で採集した標本や個人あるいは施設から借りた標本である。次に大切なのは文献であり、あとでその苦労話に触れるが、古い文献の収集も分類学では欠かせない。

交尾器の解剖と封入

標本と文献が揃ったところで、分類学の研究がはじまる。ハネカクシのような微小な甲虫の場合、外見で種を区別するのがむずかしいことが多々ある。その際、いちばん重視されるのが、交尾器の形態である。交尾器は、いくつかの理由で形態が進化しやすく、しかも種内で安定していることが多いため、とくに昆虫では種の分類に積極的に利用される形質である［図1-16］。

生物の種の定義には、一般的に「生物学的種概念」という概念が適用され、他種と生殖的に隔離されているか否かが重視される。つまり、交尾が可能であるか、あるいは子孫を残せるかという情報によって別種か否かを判断する。単細胞生物や雌だけで繁殖する単為生殖種など、適用できない対象も少なくないが、それでも大部分の昆虫には有用な概念である。交尾器の形の違いを重視することの背景には、その概念を考慮するという意味合いも多少含まれている。

通常、最初に外見の違いで標本を種に分けていき、それが別種であるかを検証するために交尾器を見ることになる。たまに外見で別の種だと思っていても、交尾器を見ると同じ種の場合があるし、またその逆の場合もある。さらに、交尾器を見てすぐに別種と判断がつく場合もあるが、生態学的情報（寄主や生息地の違いなど）に基づいた仮説のもと、交尾器等の計測値を

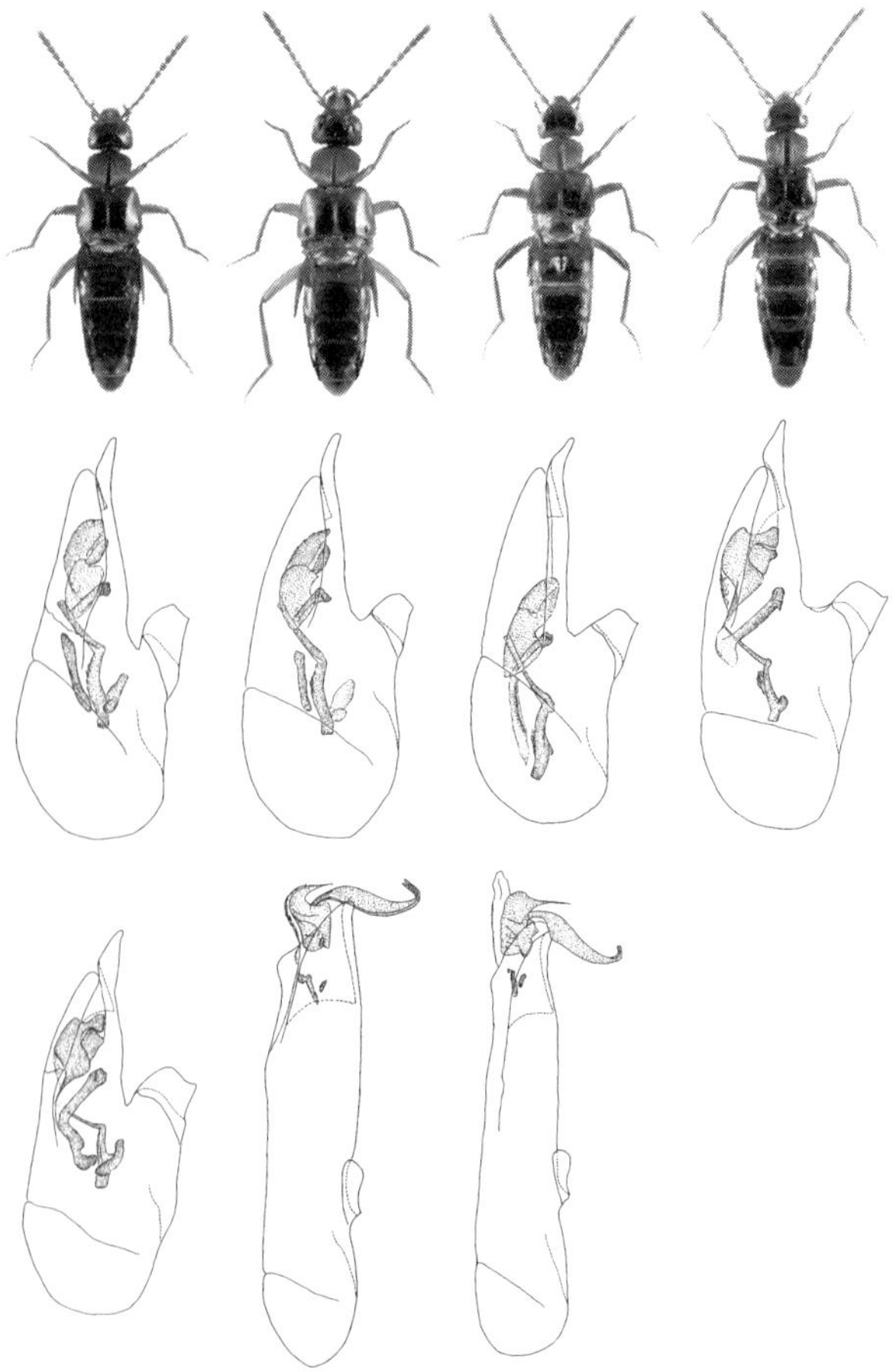

図1-16 インドネシアのスラウェシ島産の好蟻性ハネカクシの一群 *Myrmecopella* 属の雄成虫4種（上段）と7種の雄交尾器（中・下段）（Maruyama, 2004aより）．交尾器の外形が大きく違う場合と，交尾器の内袋（実際に交尾の際に挿入される部分）のみが違う場合がある．

図1-17 解剖に使用する道具．薬品処理用の小型坩堝《るつぼ》，ひっくり返して標本を乗せて解剖するシャーレ，柄付き針，ピンセット．

統計的に処理してはじめて他種との違いが浮かび上がることもある。ただし交尾器はかならずしも万能ではなく、ときに別種であるはずなのに、形態にまったく差が出ず、ほかに種の違いが出やすい形態形質を探す必要があることもある。

　交尾器を見るといっても、多くの場合それは外から見えない体内に収まっている。しかも相手は数ミリメートルのハネカクシである。それを解剖して取り出すという神業のようなことをやってのけなければならない。

　神業とはいえ、多少手先が器用であれば、練習次第で上手になる。乾燥標本の場合、最初にお湯で標本をもどして（干しシイタケをもどすようなもの）、軟らかくする。次に、実体顕微鏡を覗きながら、針を2本、あるいはピンセット1本と針1本を使い、腹部から交尾器を取り出すのである［図1－17］。それから、水酸化カリウム水溶液に交尾器を漬け、交尾器のなかにある筋肉などの蛋白質を溶かし出し、透明化する。それら薬品を水で洗浄し、さらに脱水した後、ガラス板上に垂らしたユーパラルやカナダバルサムなどの樹脂に封入し、透過型顕微鏡（生物顕微鏡）のもとで観察する。この封入という作業により、解剖した部分を半永久的に保存できる。私は小さいガラス板を厚紙に糊付けし、それを標本の下に刺すことによって、保存性が高く、扱いの容易な方法を考え出した（Maruyama, 2004b）。解剖の過程で、ときに失敗して標本をつぶしてしまうことも初心者ではありうる。しかし、１００年以上前の標本も同じように解剖し、封入して返却しなければならず、そのような歴史的な標本では失敗は決して許されない。緊張感の必要な作業である。

作図も大切

手先の技術という点で、解剖の次に重要なのは作図、つまり絵描きである。人によっては写真で済ませてしまうが、分類学の研究では、写真技術の発達したいまなお絵描きのほうが有用な手段である。絵描きのいちばんの利点は、利用者にとって重要な部分だけを絵で示したり、強調したりできることである。とくに交尾器のように複雑な構造をしている器官では、写真では形を理解できないことがある。まさに図は命であり、百聞は一見に如かずの言葉通り、長い文章による種の区別点の説明よりも、わかりやすい図が1枚あるほうがずっと役に立つ。

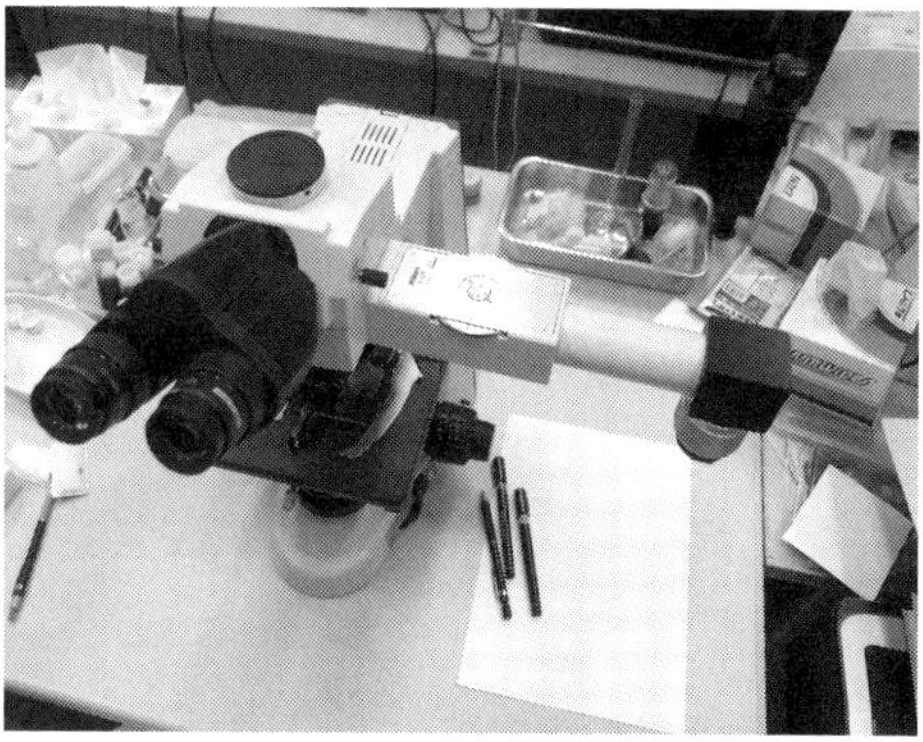

図1-18 描画装置をつけた透過型顕微鏡.

絵の描き方はさまざまであるが、私は透過型顕微鏡につけた描画装置［図1－18］を用いることが多い。描画装置の下に紙を置き、顕微鏡を覗くと、絵を描く対象である昆虫の部品（交尾器など）と一緒に、紙も見えるという仕組みである。顕微鏡を覗きながら、その紙に鉛筆で下描きを描く。

それから、墨入れをする。黒く濃い線で描くことにより、縮小印刷しても、くっきりと線が出て、わかりやすい図になる。私は下描きに黒いインクを入れた製図用の万年筆や丸ペンで直接線を引き、それから消しゴムで下描きを消す［図1－19］。人によっては失敗しても下描きを失わないように、下描きに半透明の紙を重ね、そこに墨入れをする。この墨入れというのもそう容易ではない。定規などを使わず細い製図用万年筆できれいな曲線を引くというのは、意外に熟練を要する作業である。慣れないうちは線が震えたり、気づか

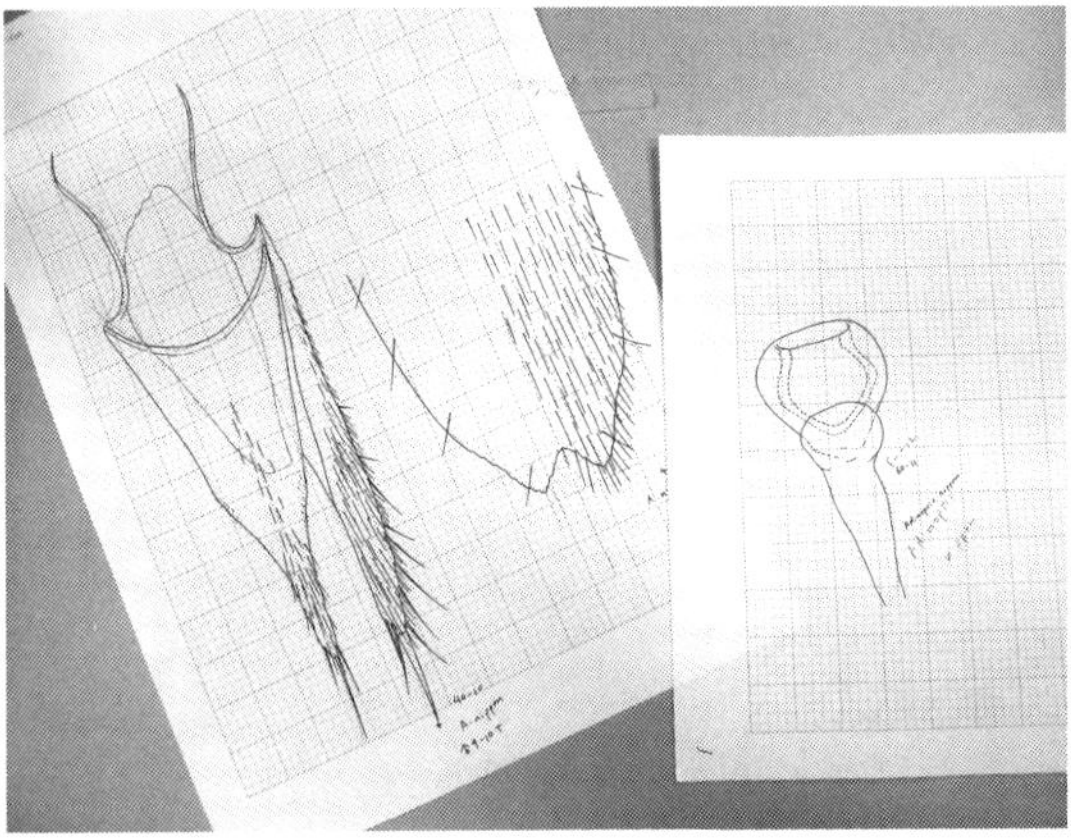

図1-19 方眼紙の下描きの上に墨入れした図.

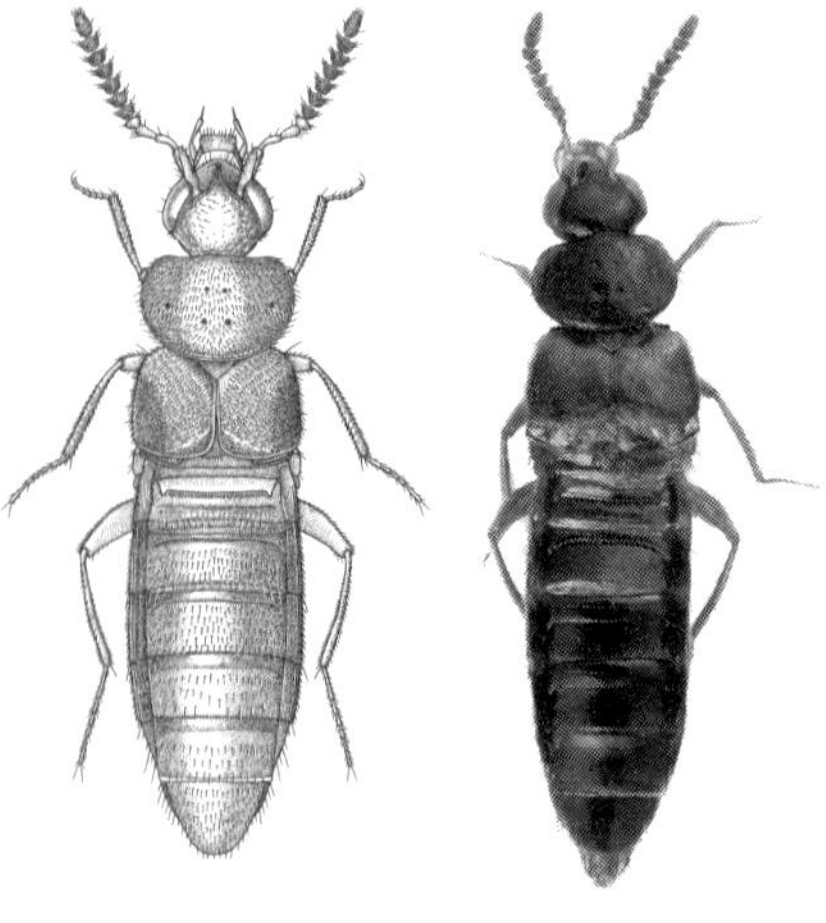

図1-20 マルメヒゲブトハネカクシ *Tetrasticta laeta* Maruyama & Sugaya, 2002の全形図(左)(川島逸郎画)(Maruyama & Sugaya, 2002より)と図のもとになった標本の深度合成写真(右). 全形図では標本の形が整えられ, 分類に重要な毛の密度が正確に表現されている.

ないうちに意図せぬ方向に線が曲がってしまったりする。[*3]

昆虫の全形は写真を撮ることが多い。とくに深度合成法が容易におこなえる現在、写真は容易かつ正確な手段である。深度合成法とは、対象を層状に多数撮影し、各写真の焦点の合っている部分だけをコンピューターで合成し、全体に焦点の合った写真を得る方法である。しかし、細かい毛の表現など、写真より絵のほうが勝る場合も、いまだに少なくない［図1−20］。全形を描くのはたいへんな作業であるが、美しい全形図は読者の目を楽しませる魅力もある。ほかには電子顕微鏡を用いて標本の表面構造などを撮影する方法もある。以上の材料集めから図の準備が分類学の基本的な作業手順である。

新種記載の方法

右にあげた作業をともなう分類学の研究内容に、新種の発表がある。しかしこの方法については、多くの人が知っているようで知らないのではないだろうか。新聞等の報道でも明らかに

*3—私はいまだに手描きで原図を準備しているが、近年では描画ソフトウェアで作図する研究者の割合も高くなっている。写真も組み合わせて、より正確かつ美しい図を準備する人も少なくない。絵を描くこと自体に楽しみを見出している人もいて、そういう人にとって原図作成は楽しみと実益を兼ねたものになる。

***Myrmecopella brendelli* sp.n.**
(Figs. 4, 27 - 32)

Holotype: 1 ♂ "SULAWESI TENGAH: Solato R., Taronggo 1° 45' S - 121° 40' E 27-30. iii. 1980 / Forest Floor Litter / M.J.D. Brendell B.M. 1980-280". **Paratypes**: 5 ♂♂, same data as holotype.

TYPE LOCALITY: Taronggo, Sulawesi Tengah, Indonesia.

DIAGNOSIS: This species is closely similar to *M. brendelli* in the shape of the 3rd abdominal sternite in male, but distinguished from it by the evidently smaller ventral crest of the aedeagal median lobe.

DESCRIPTION: Facies as shown in Fig. 4. Brown in ground colour; mouthparts, antennae, legs, and abdomen reddish brown. Eyes large, 0.62 times as long as head capsule (Fig. 27). Relative lengths of antennal segments from basal to apical: 39: 20: 21: 18: 16: 16: 15: 15: 15: 14: 23. Pronotum (PW/PL = 1.15 - 1.21) with median sulcus narrow, and with four major bristles (Fig. 28). Legs: relative lengths of tarsomeres from basal to apical: fore tarsus: 9: 11: 11: 20; mid tarsus: 18: 15: 14: 13: 18; hind tarsus: 26: 18: 16: 14: 21. Third abdominal sternite with lateral projection almost twice as long as paratergite, slightly curved ventrad, thick in dorsal view, slightly pointed at apex in lateral view; interior projection somewhat shorter than lateral projection, obliquely truncate, slightly constricted near base (Figs. 29, 30). Distance between a pair of granules on 7th tergite half as long as distance between granule and lateral margin of tergite. Median lobe of aedeagus with apical lobe slightly curved ventrad near apex, slightly widened basad in lateral view (Figs. 31, 32).

MEASUREMENTS: BL: ca. 7.2 - 7.3; FBL: ca. 2.8 - 2.9; HL: 0.86 - 0.89; HW: 1.18 - 1.23; AL: 2.80 - 2.90; PL: 1.03 - 1.04; PW: 1.20 - 1.25; EL: 1.23 - 1.30; EW: 1.90 - 1.95; FTL: 1.00 - 1.05; MTL: 1.25 - 1.20; HTL: 1.50 - 1.55.

ETYMOLOGY: Named in honour of the collector of the type series, M. Brendell.

図1-21 新種記載論文の記載部分（Maruyama, 2004bより）. これは種間の形態差が少ない属のもので, 種の特徴が少ないことから,非常に短い記載である.

誤解がみられることがある。手順としては、それほど複雑ではない。新しい種の学名（ラテン語あるいはラテン語化された他言語）を決め、そこに新種であることを明記し、その下にその種の特徴、近似種との区別点を書く［図1－21］。そして新種の特徴のよくわかる図を添えるのが普通である。さらに、この記述に使用した標本のなかから、唯一の模式標本である「完模式標本（holotype）」を指定し、その採集情報や保管先等を明記する。これらの内容を論文として学術雑誌等で出版すればよい。また出版にあたっては、「国際動物命名規約」という法律のようなものがあり、模式標本の指定を含め、それに則った内容の論文を書く必要がある。この一連の作業を新種記載といい（厳密には、特徴の記述部分のみを「記載」という)、紙媒体で出版される日をもって新種として発表される(認められる)ことになる。

ちなみに、古い時代には完模式標本の指定はあまりおこなわれず、研究に複数の標本が使われた場合は、それが「総模式標本(syntypes)」となった。ロンドンの自然史博物館から借りたシャープの模式標本も大部分は総模式標本である。しかし、総模式標本に複数種が含まれていると学名が安定しない可能性があることから、後の研究者がそのなかから1頭の「後模式標本(lectotype)」を指定することができる。

新種記載の作業以前にいちばんむずかしいのは、多くの既知種のあるなか、それがどの種に近いのか、そして本当に新種であるのかを決めることである。たとえば、図鑑や論文で見たことのない小さな甲虫を日本で見つけたとする。まず、それが甲虫のどの科に属するかを調べる必要がある。ここまでは大抵簡単で、事前に甲虫をある程度知っていれば、ぱっと見てすぐにわかる。それから、亜科なり、属なり下位の分類群へと絞りこんでいく。多くの場合、このあたりからむずかしくなる。次に、どの既知種に近いのかを調べ、それらと比べる必要がある。状況によっては日本国内だけでなく、近隣のアジア諸国や、ヨーロッパなど、海外の種との関係も調べる必要がある。それで確実に新種とわかれば、記載に着手できるというわけである。

これらの作業の難度は、分類群によって大きく異なり、また個人の研究してきた期間や把握している情報量によっても左右される。もちろん、センスの多寡も重要なのは、どの研究分野でも同じである。

さらに付け加えるならば、記載論文自体はそれなりの訓練を積めば、誰でも書けるようになるが、文章や挿図の品質、扱う種数などによって、論文の面白さや良さが決まる。すぐれた論文を書くとなると、それほど簡単ではない。ここでは新種記載の方法について説明したが、理想としては、ただ新種を記載するのではなく、近似の既知種に対して、過去の研究よりも精緻な再記載を加え、属や種群（似た種の集まり）の総説にしたほうがよい。分類学の論文は、それを用いて同定をおこなう「利用者」を基本的な対象としている。その利用者に対して、親切でわかりやすい内容にすることが第一であるが、そのあたりは書く者の対外的な感覚や技量、経験が問われるところである。

コラム● 分類学は科学かという議論

修士の学生になったばかりのころ、分子生物学の隆盛を背景とした分類学への新たな視点の導入に関連して、種《しゅ》とは何か、種は存在するのかといった「種の問題」に関する議論が盛んにおこなわれていた。いま思えばこのころに学生時代を過ごしたのは幸運だった。

　このような短い文章で種の問題に関する私の意見を述べることはできないが、簡単に説明すると、私たちの知っているさまざまな現生の生物種を認識するということは、それぞれの生物進化の時間的な一断片（現在という一過程）の観察によるものである。生き物は常に進化しており、私たちが思っている種としての「集まり」も変化している。つまり、何十万年、何百万年という時間軸ではあるが、種は不変なものではないし、ほかのいくつかの理由も考慮すると、生物学的に実在するものではないといえる。

　私はこのような考えをもっているが、それでもなお堂々と研究として種の分類を続けている。種が本当にあるかどうか、種とは何かという問題をさておいても、シロナガスクジラ、トノサマガエル、ギンヤンマのように、多くの「種」は明確に認識可能であり、それを見分ける分類学がなければ、生物の多様性は基本的に把握できないからである。さる人は「種は在るところには在る」と言ったが、曖昧でありながらも共感できる言葉だった。

　いっぽうで、分類学の方法論は分類群によっても大きく異なるし、種概念それ自体も生物学的種概念、系統学的種概念などさまざまである。生物の特質を考えれば当たり前だが、生物全般に適用できる種の認識方法はない。どうすれば確実に種を分けられるか、何がどこまで違えば別種であるかという客観的な基準もない。たとえば、ヒトとチンパンジーの間、カッコウとホトトギスの間では、それぞれ種を区別する方法も別であるし、種間の遺伝的な隔たりの大きさもかなり異なる。そのように一定の基準がないということも原因となり、「種概念の問題」と同時に、「分類学は科学か」という議論も広くおこなわれた。

分類学は科学ではないという人たちの一部に言わせれば、科学とは仮説検証型の研究であり、基準がはっきりせず、主観的としか思えない「分類」という行為は、科学の基準に当てはまらないというわけである。

しかし分類学の実作業では、基本的に「この種は別種であろうか」という仮説のもと、交尾器等の形態を仔細に観察し、最近では遺伝子も調べ、別種か否かの検証をおこなっている。多くの場合、その過程があまりにも当然であるため、論文上でその説明が合理的かつ慣習的に省略されている。

また「主観的」という意見も、決して正しいとはいえない。たしかに種の区別がむずかしい場合、たとえば同種の地理変異にすべきか、亜種にすべきか、それとも別種にすべきかと悩むこともある。形態の差異が統計的に有意でなくても、他の生物学的な情報によって、別種と判断せざるをえない場合もある。さらに系統関係が判明して、種分類に関する複雑な問題が浮かび上がることもある。その場合、現在の結果を暫定的なものとして、さまざまな意見を取り入れて、分類体系の洗練を待つしかない。

しかし経験的にみて、大部分の研究では、微塵ほどのハエさえも、分類学者はトラとイエネコを区別するくらいにはっきりと見分けている。そこに主観的な操作の余地はほとんどなく、「まったく違うもの」を種として分けているのである。そして通常の論文では、その違いの明瞭さをはっきりと示している。実際、分子系統学が世に出てきて、これまでの伝統的な分類体系の誤りが浮かび上がるよりも、（当たり前だが）その精度の高さや妥当さが証明されることが多い。分類学の論文を読みこなし、生き物のことを幅広く知っている他分野の研究者は、分類学そのものにケチをつけたりはしない。もちろん、すべてが結果として完全なものではないし、なかにはケチをつけるべきいい加減な仕事もあるけれど、それはどの研究分野でも一緒だろう。

いったい科学とは何だろうか。実はそれこそ定義などできないのである。皮肉にも、それは種が一律に定義できない状況とよく似ている。前述のように科学のすべてが「仮説検証型の研究」と決めつけること自体が大きなまちがいであることに、分類学を科学ではないと「分類」する人たちは気づいていないように思える。結局、「分類学は科学か」という議論自体、そもそも研究の現場では不毛であり、それによって何かがもたらされるものではない。

「幸運だった」と言ったのは、学生時代に分類学に対する厳しい風当たりを目の前にして、現状についてじっくりと考える機会を得たからである。それは自分自身の研究の立ち位置を定める重要な指針の一つとなった。ここに述べたことは私の考えの一部であり、また一側面である。分類学に限らず、これから研究をおこなう人は、その研究のさまざまな背景を咀嚼して、自分のやることの意味をよく考えてほしいと思う。

旧北区のクサアリハネカクシ

かっこいい分類学の研究をやってみたい

私が学部生のころ、最初に師事した直海さんから分類学の手順、つまりどういう作業を進め、どのように考えれば論文ができ上がるかを学んだ。またそれだけでなく、分類学の背景にある考え方や研究者としての態度についても多くのことを教えていただいた。そのなかで、「どんな研究がかっこいいか」というのは、とくに印象的な指導の内容だった。

直海さんのいう「かっこいい研究」とは、地理的に規模の大きな研究である。たとえば、科単位で１００種の日本産種を分類するよりも、属単位で50種の世界なりアジア全体の種を扱うほうが「かっこいい」というわけである。

これはいま考えても実に適切な指導をいただいたものだと思う。言うまでもなく、昆虫に国境はない。狭い分類群を扱うにしても、広い地域の標本を見ないと、種内の変異や系統関係など、重要な事実がみえてこないことがある。何よりもそのような研究は、世界の多くの人たちに参照される。

ところが、日本は欧米に比べて１００年以上も分類学のはじまりが遅れており、先人たちの苦労による蓄積はあるものの、世界的な研究をおこなうだけの標本もないし、外国産種に関する文献の収集も容易ではない。そのため、日本にいながらにして世界の種を扱うのは、非常にむずかしく、これまで昆虫で（おそらくほかの動物でも）広い地域の研究対象を扱った人は非常に少なかった。日本の昆虫にまだまだ新種がいて、多くのことが未知である現状では、それはそれで重要な研究である。そして多くの研究者は日本産種や周辺の国の昆虫に限って研究を展開しているが、とてももったいなく感じる。

私は修士論文で日本のクサアリハネカクシ属を見ていくうちに、近隣諸国、果てはヨーロッパにまで分布する種の存在がどうにも気になりはじめた。また直海さんの言葉が常に頭の片隅にあったことから、少し無謀とは感じつつも、博士論文の研究課題を「旧北区産クサアリハネカクシ属の体系学」と決めた。旧北区とは、ヨーロッパとアフリカ北部から東アジアまでの動物地理区（類縁関係の深い、似たような構成の動物が分布する地域）である。「体系学」とは、分類学に肉付けした言葉とでもいおうか。系統関係を考慮したうえで、より自然な分類体系を築くことである。つまり、旧北区のクサアリハネカクシ全種を分類学的に検討し、多くの人が利用しやすい形にまとめる研究である。

幸い、博士課程に入学してから、日本学術振興会（以下、「学振」）の特別研究員（ＤＣ１）という立場に就くことができ、国から給料をもらいつつ、大学院で研究できるようになった。アルバイトをする必要もないし、遠征調査するお金もある。そのときはなんとかなるのではないかと思った。

難航の予感が

しかし、この研究は、当初から薄々予想していたとおり、なかなかたいへんなものになった。まずは文献集めである。古いものは１８００年代の初めからあり、そのような貴重な文献は複写を断られることも少なくなかった。図書館を通じて複写を申しこみ、ようやく返信が来たと思ったら、「謝絶」と判子を押された書類が帰って来たときほどの落胆はなかった。一部のものは自分で原著の古い本を購入し、複写のむずかしいものはヨーロッパの友人の助力を含め、手を尽くして手に入れた。

いまはインターネットを通じて簡単に多くの文献が手に入るので、悪いときに学生時代を過ごしたと思う反面、苦労して手に入れた文献のありがたみ、それによって研究が前に進むことの喜びを身にしみて感じることができ、その点は幸せだったとも思う。苦労して手に入れた文献は、紙がすり切れるほど読むことも多く、結果として知識が増え、語学の上達にもつながった。さかのぼれば、複写機のない時代を過ごした先輩方は、文章は手書き、図はカーボン紙でなぞって文献を写したという。その時代でなかっただけずいぶん恵まれている。

それから、さらにたいへんなのは標本集めである。スウェーデン、スイス、フランス、イタリア、ドイツ、オーストリア、チェコ、スロバキアなど、ヨーロッパの主要な博物館20館近く、それにいくつかの有名な個人収蔵から標本を借りた。また、ドイツやフランスの博物館を直接訪問して標本を探し、これまでに記載された全種の模式標本を検視する努力をした。

とにかくこれがいちばんたいへんな作業だった。先方が初めて連絡をとる相手の場合には、それまでに出版された自分の論文の別刷り[*4]を送り、模式標本を検討する必要性をメールや手紙で説明する。標本は必要に応じて解剖し、検討後に書留郵便で返却する。また、模式標本の収蔵先がなかなか見つからず、苦労して「聞きこみ調査」をおこなった結果、戦災で焼失したことが判明したものもあった。

修士に入って早々に海外のハネカクシ研究者たちに手紙を送り、その後、論文を出すたびに別刷りを送った。ときに注意を受けたり、ときにお褒めの言葉をいただいたりしつつ、多くの研究者と親交をもった。こうして得た信頼が標本の借り出しにも大きく役立ち、多くの場合は好意的に標本を貸し出してもらえるようになった。こう書くとすべてが順調だったように読めてしまうが、一つひとつの人とのやりとりにちょっとした物語があったし、ときに少し解決のむずかしい、気分のよくないできごともあった。世界にはさまざまな文化があり、さまざまな人がいることを、直接会わずとも体験することができた。

日本人研究者はしばしば軽視するが、過去に記載された種の模式標本を検討することは、分類学的な検討には欠かせない作業である。とくに古い時代に記載されたものでは、模式標本が一般に図鑑等で認識されている種とは別種であることがあり、模式標本を実際に見て、そういった問題がないかを確認する必要がある。それが分類学的研究をおこなう現代の研究者の務めでもある。

実際に私の研究でも、図鑑や解説書で当たり前のように認識されている種が、改めて模式標本を見てみると、実は別種だったり、総模式標本に複数種が含まれていることもあった。たとえば、ヨーロッパに広く分布する普通種で、*Pella laticollis*（Märkel, 1844）という種があるのだが、ベルリンのフンボルト大学博物館に収蔵されている150年以上前の模式標本を検討したところ、総模式標本のなかに別の種である*P. lugens*（Gravenhorst, 1802）が含まれていた。そこで私は今後の混乱を防ぐため、「*P. laticollis*」と一般に認識されていた標本を後模式標本に指定した。このような問題がなくても、古い模式標本の状態（何頭がどういう状態で保存されているかなど）を確認し、必要に応じて分類学的な処置（後模式標本の指定など）をおこない、それを論文上で報告するのもわれわれ研究者の大切な仕事である。なお、分類学者が必ず参照する「Zoological Record」というデータベースがあり、あらゆる分類学的変更はそこに掲載され、世界中で共有される仕組みとなっている。そのほかにもさまざまなデータベースがあり、普通にインターネットで学名を検索すれば、だいたいの分類群に関する現況がわかる。

＊4―別刷りとは、論文の出版時に著者が注文し、個別に冊子として印刷されるものである。「抜き刷り」ともいう。ほんの10年くらい前までは、郵送で研究者同士のあいさつ代わりに交換された。しかし近年では雑誌が電子化し、代わりに論文のPDFが出版社より著者に渡され、メールで配布することが一般的である。また、オープンアクセスといい、論文のダウンロードが自由な雑誌も多く、別刷りを交換するという行為自体が絶滅寸前となっている。

スロバキアでの調査

クサアリハネカクシ属の研究を進めるため、海外でも採集をおこなった。本属はヨーロッパから東アジアにかけて分布しているが、もっとも研究が進んでいるのはヨーロッパであり、古くからさまざまな研究が発表されている。とくに重要なのは１９８１年に出版されたバート＝ヘルドブラー（Bert Hölldobler　１９３６〜）らによるクサアリハネカクシ属数種の行動生態の論文である（Hölldobler *et al.*, 1981）。私はこの論文を何度も読み返し、クサアリハネカクシの基本的な生態を学んだ。そしてこの論文に登場する種を実際に野外で見てみたく思い、博士課程2年の5月に東欧のスロバキア共和国を訪れた。なぜスロバキアかというと、私が好蟻性ハネカクシの研究をはじめて早々にペテル＝フラバチェ（Peter Hlaváč）という在野のスロバキア人研究者と知り合い、その彼に遊びに来いと言われていたからである。

旧ソ連支配の影響を多分に残したうらさびしい首都ブラチスラヴァ（Bratislava）を抜けると、そこには実にすばらしい森がたくさん残っていた。

最初に訪れたのは、スロバキア北東部にあるバルデヨフ（Bardejov）という町である。歴史的な建造物の残る美しくも小さな町は、広大な菜の花畑とブナと針葉樹の森に囲まれており、そのブナは一抱えもあるような見事な大木ばかりだった。

先に述べたように、ブナの森にはクサアリは少ないという印象があったが、予想通り、ここ

図1-22バルデヨフの森にあった *Formica pratensis* Retzius, 1783の大きな塚と私．このような大きな塚は日本ではみられない（2001年）．

ではクサアリを見つけることはできなかった。その代わり、針葉樹の葉で作られたヤマアリ属 *Formica* の大きな蟻塚［図1－22］がたくさんあり、それをふるうことによって、多くのハネカクシを採集することができた。

ヤマアリ属はクロヤマアリ *F. japonica* Moschulsky, 1866に代表されるように、日本でも比較的普通のアリの一群である。しかし、日本では9種が知られるのみであり、しかも標高や環境によってすみ分けていて、多いところでも1か所で4種がみられる程度である。ところがヨーロッパには種数が多く、中部ヨーロッパだけで20種以上が生息しており、1か所に10種以上がみられる場所も少なくない。とくに、日本の種ならエゾアカヤマアリやケズネアカヤマアリ *F. truncorum* Fabricius, 1804に代表される *F. rufa* 種群が多く、それらは巨大な塚を作ることで有名である。

図1-23 ヤマアリの巣にいるタカネアリノスハネカクシ属 *Lomechusoides* のハネカクシ．*L. strumosus*（左）とタカネアリノスハネカクシ *L. suensoni*（右）（著者撮影）．

そして日本と異なり、ヨーロッパではこのヤマアリ属のアリと共生する昆虫が実に多い。ハネカクシも多く、スロバキアだけで15属27種もの記録がある（Franc, 1992）。

主目的とは少し異なったが、この採集はとても楽しいものだった。とにかく夥《おびただ》しい数のハネカクシが塚の中におり、これは日本では決してお目にかかれない光景である。とくにうれしかったのは、タカネアリノスハネカクシ属 *Lomechusoides* の一種で、大型の *L. strumosus* (Fabricius, 1792) ［図1－23左］の採集だった。壮麗ともいうべき姿が塚の中から現れたときには、心が震えるような感動を覚えた。アリを虜《とりこ》にする化学物質を分泌する腺が腹部の基部付近にあり、その開口部にある金色の毛束がなんとも美しい。日本にも同属のタカネアリノスハネカクシ *L. suensoni* Bernhauer, 1936 がおり、それもきれいな種であるが、*L. strumosus* のほうが大きくて立派である。

また、ヤマアリと共生するクサアリハネカクシ属の種である *Pella humeralis*（Gravenhorst, 1802）も得られた。この種はクサアリも寄主とすることができる。ヨーロッパでは、ほかにも同じようにヤマアリとクサアリ双方の巣にすむハネカクシが少なくないが、日本では決してみられない現象であり、興味深かった。

バルデヨフの次にはコシュチェ（Košice）というスロバキア東部、ハンガリーとの国境にある地方都市を訪れ、その付近で採集をおこなった。ここはバルデヨフに比べ温暖で、ブナの代わりにナラ類が目立つ。

日本のナラ林にはクサアリが多く、期待通り、そこでもクサアリがみられた。巣のまわりをふるい、*P. funesta*（Gravenhorst, 1806）、*P. laticollis*、*P. lugens* といった、一通りの普通種が得られたのは収穫だった。

分類学の歴史とも関係するが、先ほどふれたように、ヨーロッパでは好蟻性昆虫の研究がよく進んでおり、古い時代からさまざまな論文が出版されている。好蟻性昆虫のかなりの属は、ヨーロッパと日本で共通しており、ヨーロッパ産種の多くの研究は日本の好蟻性昆虫を研究するうえで重要な参考資料となる。そのような研究の舞台としての森林で日本と共通する属の好蟻性昆虫を採集できたことは、楽しいだけでなく、日本の好蟻性昆虫相を考えるうえでも、たいへん良い経験になった。

その後、日本のエゾアカヤマアリやケズネアカヤマアリの塚にも何かハネカクシがいないかと調査したところ、本州中部山岳地帯のアカヤマアリと北海道のケズネアカヤマアリの塚から、日本からは正式な記録のない（記録はあるが、それは属の誤同定）アリヤドリ属 *Thiasophila* の新種がそれぞれ見つかった。[*5] また北海道のケズネアカヤマアリの塚からは、コブヒゲアリヅカムシ *Saulcyella schmidti* (Märkel, 1844) というヨーロッパとの共通種が見つかった（野村・丸山、２０１１）。日本でヤマアリの塚にすむハネカクシはこの３種だけで、ヨーロッパとは比べるべくもない。やはり旧北区のヤマアリ属の生息地の中心はヨーロッパにあり、日本はその「はずれ」であることを好蟻性ハネカクシの多様性の低さからも実感することができた。

もともとヤマアリ類は寒い地方の明るい森林や草原に生息するもので、日本にそのような環境は非常に少ない。日本にいるものは、日本がユーラシア大陸北部平原の動物相や植生の影響を受けていた時代の名残といってよいだろう。

極東ロシアでの調査

クサアリハネカクシ属の海外採集では、その後、極東ロシアに行く機会にも恵まれた。

博士課程修了後、幸いにして私は再び学振特別研究員の博士研究員（ＰＤ）として採用され、アリヅカムシ研究者である野村周平さんのお世話で、２００３年から国立科学博物館に籍を置いていた。その期間、ほかの好蟻性昆虫を研究しつつ、博士論文の出版に向けて準備を重ねていた。

その３年目にあたる２００５年５月のことである。当時、古くからの友人で、自然写真家の永幡嘉之《ながはたよしゆき》さんが極東ロシアに通い詰めており、一緒に行かないかと誘ってくれた。世界中の博物館から借用した標本のなかで、ちょうど極東ロシアは標本数の手薄な地域と感じており、渡りに船とばかりに同行させてもらった。

私が博士課程までを過ごした北海道はクサアリの豊富なところで、同様にクサアリハネカクシの仲間も実に多様で、簡単に採集することができた。極東ロシアは北海道と似たような気候と植生であり、きっと同じようにクサアリも豊富だろうと思っていたのだが、結果は予想をはるかに上まわるものだった。

とくに採集が充実したのはガモフ半島という北朝鮮の国境に近い場所で、クサアリの密度が

＊5―ドイツのハネカクシの大家であるLother Zercheさんとの共同研究により、本州中部のものはヤマアリヤドリ *Thiasophila shinanonis* Maruyama & Zerche, 2014、北海道のものはキタアリヤドリ *T. aynumosir* Maruyama & Zerche, 2014として新種発表した (Maruyama & Zerche, 2014)。ヤマアリヤドリについては、冷涼な気候を好む寄主のエゾアカヤマアリが、おそらく温暖化により激減しており、命運を共にしつつある。

図1-24 石の下のクロオオアリ *Camponotus japonicus* Mayr, 1866の巣にいたクロシジミ *Niphanda fusca*（Bremer & Grey, 1852）の幼虫. すでにかなりの幼虫がアリによって運び去られた後（永幡嘉之撮影）.

非常に高いうえに、とても美しい場所だった。朝の霧に包まれた森は幻想的で、まるで絵本の世界のようだった。また、致死率の高い春秋ダニ脳炎を媒介するマダニ類がまったくおらず、その点でもとても気持ちよく調査できた。同地に蛾の研究者であるロシア科学アカデミーのユーリ＝チスチャコフ（Yuri A. Tshistjakov）さんの自宅があり、そこからチスチャコフさんの飼っているライカ犬と一緒に森を歩きまわるのが日課だった。

　このときの成果はすばらしいもので、ウラジオストクからガモフ湾の間にある地点で採集した標本を含め、極東ロシアから記録のあったクサアリハネカクシのすべての既知種に加え、2種の未記載種を採集することができた。そのほかの好蟻性甲虫の一部は日本と共通種であったが、大部分は完全な別種で、目と鼻の先にある日本という国の動物相の固有性を改めて知った。

また、思い出深いアリクイエンマムシを久しぶりに複数まとめて採集できたのもうれしかったし、路傍の石を起こして、そこにあったクロオオアリ *Camponotus japonicus* Mayr, 1866 の巣に70頭近いクロシジミ *Niphanda fusca* (Bremer & Grey, 1852) の幼虫［図1－24］を見つけたときには、極東ロシアの自然の深さを肌身にしみて感じた。

このときにはもちろんクサアリ類もたくさん採集することができ、後で重要な研究材料となった。

博士論文の執筆と出版

ふたたび博士課程の時代に話は戻る。２００２年、博士課程最終年度となる3年生の春、十分な材料が揃ったところで、博士論文の執筆にとりかかった。だが、書いても書いても終わりがみえてこない。1年間、ただただ解剖し、絵を描き、系統解析をおこない、文章を打ちこんでいった。

あまりにも抑揚のない毎日で、実はこのころの記憶があまりない。来る日も来る日も教室へ行き、作業を続けた。ときに夜型になってしまい、どんよりとした冬の夕方、ハシボソガラスの集まる並木の下を通って農学部の校舎にたどりついたのを覚えている。

ただ、この間に祖母まさ子を亡くし、悲嘆に暮れたのは忘れがたい。私はいわゆる「おばあちゃん子」で、祖母が私の生き物好きの性質を伸ばしてくれた。自分にできる最大かつ唯一の追悼として、私だけが採集していた日本産種に対して、祖母の名をとって、*Pella masakoae* と名付けた。

２００３年の３月に無事に博士号の学位を取得した。博士論文は行間をびっしり詰めても６００ページになり、打ち出した束を見て、１年間よくがんばったと自分でも感心したものだった。[*6]

博士課程修了後にも３年間近く検討を重ね、ようやく２００６年に約50種を扱った３００ページを超える論文として出版に漕ぎつけた（Maruyama, 2006）。

出版前の１年間は、博士論文で使った図を補足すべく、毎日毎日絵を描き続け、最後には博士論文で使った図３００枚に２００枚ほどの絵を追加した。絵を描く際には、実体顕微鏡の接眼レンズについている網目を見ながら、方眼紙に下描きを描いたり、生物顕微鏡を覗いて、描画装置で絵を描いたりしたのだが、これが非常に目に負担をかけたようで、１年間で視力が片方だけ１・２から０・３に下がってしまった。接眼レンズの網目で描く際には、片目だけを使用するので、それが原因だったようだ。まさに身を削って論文にしたという気分だった。あとで聞いたことだが、同じような作業をして片目を失明した日本の昆虫学者もいたそうで、私もそうならないように気をつけなければならない。

当時、国立科学博物館で雑誌類の編集をされていた魚類部長（肩書きは当時のもの）の松浦啓一さんの計らいで、「国立科学博物館モノグラフシリーズ」で分厚い一冊として出すことができたのは幸いであった。出版の前には国立科学博物館名誉研究員の上野俊一先生と北海道大学名誉教授の高木貞夫先生に英文を添削していただいた。さらに、とにかく文字量が多いので、どうしても誤った箇所が出てきてしまう。そこで、編集者で甲虫研究家の亀澤洋《ひろむ》さんとサシガメの分類をやっている石川忠《ただし》君（現東京農業大学教授）に読んでもらった。この論文はいまでもいちばん愛着のある論文であり、ここでお名前をあげた方々のみならず、日本や世界の多くの協力者なくしては決して成しえなかった。たくさんの思い出とともに、そのことだけは忘れたくないと思う。

＊6―自分が大学教員になって改めて奇異に感じることがある。当時の所属研究室では博士の学位の基準が異常に厳しく、学位を３年で取る人はおらず、入学者のほとんどが学位を取る前に中退していた。１００年以上の歴史をもつ研究室だったが、私の在学中は数えるほどの人しか学位を取っておらず、分類学で３年間で学位を取ったのは私が最初だった。近頃の甘すぎる学位というのも考え物だが、学位を研究者の一キャリアとして割り切るのも重要だといまは思う。

日本のクサアリハネカクシ相

この研究を通じて私がもっとも驚いたのは、先ほど少し触れたが、日本産種の固有性の高さである。日本に分布するクサアリハネカクシ10種のうち、8種が日本固有種だったのである。キタクサアリハネカクシ *Pella kidai* Maruyama, 2006 にいたっては、北海道にのみ分布する固有種だった（ただしサハリン南部には分布する可能性がある）。これは単純に調査の遅れによるものではない。数種は今後大陸で発見される可能性が残されているが、5種についてはそれぞれ明らかな近似の別種（いわゆる「代置種」）が中国北部、朝鮮半島、ロシアなどの大陸側で見つかっており、日本での特殊化あるいは遺存（もともと大陸にもいたが日本で生き残り、大陸では絶滅した可能性）は明らかだった。クサアリハネカクシのすべての種は飛ぶことができる。オサムシのように飛べない甲虫であればともかく、このように飛べる種での固有化は、甲虫ではあまり知られていないことである。おそらくクサアリハネカクシは、飛ぶことはできても、付近のアリの巣を探す程度で、あまり遠くへは移動しないのだろう。

研究をはじめたときには、野外観察や飼育によって生活史の調査もおこなった。その結果もなかなか面白いものだった。

早春に産みつけられた卵は数日で孵化。幼虫はアリの死骸を食べて成長し、きわめて効率的に栄養を吸収するのか、わずかな量の餌でぐんぐん成長し、1週間以内に土中で絹の繭を作って蛹《さなぎ》になる。蛹はさらに1週間ほどで羽化する。つまり孵化から成虫になるまで2週間程度しか必要としない。これほど短期間で成長する甲虫はあまり知られていない。

　そんなに短期間で成長するのであれば、年に何度も生活史がまわると思うが、実際は年に1回しか繁殖しない。その理由はいくつか考えられるが、私は次のように考えている。クサアリの巣は数万という数の働きアリからなり、常にたくさんの個体が死ぬが、とりわけ越冬中に死ぬ個体が多いようで、春先にその死骸が巣から運び出され、巣のまわりに捨てられる。このように、アリの死骸がまとまって供給されるのは年1回の早春に限られ、ハネカクシの生活史はこの季節性に則っているのである。

　ただし例外はあって、ネアカクサアリハネカクシは夏に繁殖する。最初、春から飼育していて、なかなか卵を産まず、飼育法の何がいけないのか悩んだが、あとで夏に幼虫を見つけて夏繁殖だとわかった。理由ははっきりしないが、同じ巣に多数生息する同属別種とのすみ分けで、巣から常に少しずつ運び出されたり、巣のまわりで死んだりするアリをあてにしているのかもしれない。

　別の研究者による研究として、私が大学院のときからお世話になっている生物資源研究所の秋野順治さん（現京都工芸繊維大学教授）が、２００２年に日本のクロツヤクサアリハネカクシについて化学生態学的な調査をおこなっている。それによると、ハネカクシは寄主であるクロクサアリの体表炭化水素をまねており、その成分内容は、別巣のクロクサアリより、寄主として暮らしているクロクサアリに近い。また、アリは行列を作る際、行列フェロモンを通り道に塗り付け、それによって迷うことなく集団で同じ道を通る。クロツヤクサアリハネカクシはそのフェロモンを感知し、追跡することができる（Akino, 2002）。クロツヤクサアリハネカクシはクサアリを捕食したり、死骸を食べたりして生活しており、あまりクサアリの社会そのものへの融和性は高くないと思っていた。しかし、そのようなハネカクシでも、実際には化学的に強く適応していたのがわかったのは新鮮だった。

さらに２００４年、当時香川大学の学部生の谷口健太郎さんが、同大学の伊藤文紀《ふみのり》さんの指導でクロツヤクサアリハネカクシを使った面白い研究をしてくれた。そのハネカクシがクサアリに擬態をしているというものである。実験に使ったのはニホンアマガエルで、アマガエルはアリをよく食べるが、その防御物質を嫌ってか、クサアリを食べると吐きだしてしまう。一度その経験をしたアマガエルにクロツヤクサアリハネカクシを見せても、ほとんど食べないことがわかった（Taniguchi *et al.*, 2005）。擬態の検証は一般にむずかしいが、この研究はそれに成功した数少ない例である。もともとクロツヤクサアリハネカクシはクサアリに似ていると感じており、きっと擬態の効果はあるだろうと思っていたが、アマガエルで見事に実験に成功したのは驚きだった。もちろん、ほかにもアリを食べる生き物はいるはずで、他の捕食者を用いた追試も必要だろう。

私がクサアリハネカクシを選んだ理由は、「かっこいい研究」の材料に最適な対象となりえた以外に、この仲間はクサアリの巣でもっとも普通にみられ、これらのような好蟻性昆虫の生態学や応用的な研究に利用しやすい材料だからである。行動や生活史も面白いし、1つの巣に複数の種が生活する点も興味深い。しかし古くから同定がむずかしいとされており、実際に日本に分布する10種に関しても、4つは新種で1つは日本初記録種だったのである。また日本だけでなく、古くから研究がおこなわれているヨーロッパ産種についても、新種の追加やさまざまな分類学的変更をおこなった。旧北区では私の研究によって初めて種の多様性が明らかとなり、さらにそこから先の研究へと進めるようになったと自負している。私の論文は、世界からクサアリハネカクシがいなくならない限り、何十年、何百年と利用され続けるだろう。

好蟻性昆虫からアリへ

研究対象としてのケアリ

研究をはじめて、最初はアリの種名がまったくわからずに苦労した。それまでは甲虫ばかりを集めてきて、甲虫についてはそれなりに同定の感覚をつかんでいたが、アリのようなまったく別の昆虫となると「種の感覚」とでもいおうか、それをつかむまでがなかなかむずかしい。種名がわからないと、生態もよくわからない。そうなると好蟻性昆虫の採集は困難である。そこで、ひたすらアリを採集して、まずはアリの勉強もはじめることにした。後で知ったことだが、最初に勉強したケアリ属（クサアリ類を含む）の同定は日本のアリのなかでも最難関であった。最初からむずかしいものを相手にしていたことになる。しかし、この経験は、あとから大いに役立った。ケアリに比べればほかのアリはそれほどむずかしくないからである。

具体的には、ケアリの仲間は触角の長さと形、毛の密度、腹柄節《ふくへいせつ》（アリのみかけの「胸部」と「腹部」をつなぐ節）の形状などによって区別するのだが、種間の差が非常に微妙で、慣れるには相当の経験を要する。もちろん、「形態差は個体変異で実は1種」というわけではない。実際に多くの種では、女王の形態は明確に異なり、それを見ると完全な別種であることがわかる。ただし、女王を見る機会は、繁殖期に羽アリ（有翅虫《ゆうしちゅう》）を採集する以外、滅多になく、通常はむずかしい働きアリで同定をおこなうしかない。

そのようにアリを見ていくうちに、そこにすむ好蟻性昆虫だけでなく、アリそのものにも興味をもちはじめた。とくに好蟻性昆虫調査のきっかけとなり、同定にたいへん難儀したクサアリには、もっとも強い関心を抱いた。その理由にはクサアリ類とそれらを含むケアリ属自体の生物学的な面白さもある。

面白さの一つに、クサアリ亜属のアリにみられる社会寄生性（social parasitism）があげられる。社会寄生とは、ある社会性の生物がそれとは別種の社会性の生物に寄生することをいう。社会寄生はその寄生の方法によっていくつかに類別されている。たとえばサムライアリ *Polyergus samurai* Yano, 1911 はクロヤマアリの巣にたびたび侵入し、蛹を強奪し、羽化したクロヤマアリを奴隷として使役する。これを「奴隷使役性（slavery）」という。ヤドリウメマツアリ *Vollenhovia nipponica* Kinomura & Yamauti, 1992 は、ウメマツアリ *V. emeryi* Wheeler, 1906 の巣に交尾を済ませた雌アリが侵入し、巣の一員になりきって、働きアリは産まず、新女王と雄アリのみを生産し、ウメマツアリの働きアリに養ってもらう。これを「完全寄生性（inquilinism）」という。生物における社会性とは女王と働きアリのような階級（caste）があることによって定義づけられるが、その点、ヤドリウメマツアリの場合は普通の昆虫のように雌雄しかいないため、「社会性を失ったアリ」と言ってよい。

そもそもアリの巣がどう出来上がるのか説明したい。アリの巣が年月（通常は数年）を経て、働きアリが多くなってくると、ある時期に雌アリ（将来の女王候補）と雄アリが生まれる。どちらにも翅があり、「羽アリ」とも呼ばれる。そして、雨の後の蒸し暑い日など、特殊な天候条件が揃ったとき、近くにある複数の巣から、雌アリと雄アリが一斉に飛び立ち、多くの場合、空中で交尾をおこなう。それを「結婚飛行」という。雄アリは交尾後にすぐ死ぬが、雌アリは地面に降り立つと、自ら翅を切り落とす。通常のアリでは、雌アリが自分で巣穴を掘り、卵を産み始める。そして胸部にある翅の筋肉（もう飛ばないので不要となる）を分解し、その栄養分を口から出して幼虫に与え育てる。最初は女王1匹だが（複数の女王が共同で巣を作りはじめる場合もある）、生まれた幼虫が成虫となり、だんだんと働きアリが増えてくると、巣が形になってくる。

　クサアリの場合は「一時的社会寄生性（temporary parasitism）」である。地面に降りた雌アリ（女王候補）は、自分で巣穴を掘らず、ケアリ属（クサアリ亜属の所属する属）のほかの亜属のアリの巣に侵入し、巣を乗っ取り、自分の卵と幼虫を侵入先のアリに育てさせるという行動をとる。巣を乗っ取る際、もともといた寄主の女王は、クサアリの種によって異なるが、離《り》叛《はん》した働きアリに殺されるか、クサアリの女王に直接殺されて死ぬ。寄主の女王がいなくなるため、寄主種の働きアリは供給されず、それらが寿命などによって死んで減少していくと、やがて寄生種の働きアリの個体数が優勢となる。最終的には寄主のアリは死に絶え、クサアリのみで独立して生活することから、「一時的」という言葉がつく。日本の他のアリでは、クロオオアリに寄生するトゲアリ *Polyrhachis lamellidens* F. Smith, 1874 などでも同様の習性が知られている。

　この行動はケアリ属のほかの亜属にもみられる。ケアリ属には、クサアリ亜属のほか、ケア

リ亜属 *Lasius*、キイロケアリ亜属 *Cautolasius*、アメイロケアリ亜属 *Chthonolasius*、ヒメケアリ亜属 *Austrolasius*、アメリカケアリ亜属 *Acanthomyops* の合計6つの亜属が知られ（さらに1亜属の追加を認めている）、このうちケアリ亜属とキイロケアリ亜属以外は社会寄生をおこなう亜属で、種によって寄生先の亜属が異なる。クロクサアリのように寄生種であるアメイロケアリに寄生するものもあり、このように寄生種にさらに寄生する種を「超寄生種（hyperparasite）」という。右に例をあげたように、アリの社会寄生はアリのさまざまな分類群で生じているが、ケアリ属におけるこのような複雑な関係はほかに例がなく、アリの社会寄生の進化を考えるうえでたいへん興味深い。

また、アリの社会寄生には、「エメリーの法則（Emery's rule）」というものが古くから知られており、多くの社会寄生性のアリではそれに合致することがわかっている。エメリーの法則とは、「一時的あるいは恒久的寄生種も同様に、奴隷使役種は例外なく近縁な奴隷種や寄主種から進化した」（Emery, 1909）という言説に基づくもので、簡単にいってしまえば、寄生種と寄主は同じ祖先から分化した姉妹群（sister group）あるいは姉妹種（sister species）の関係にあるということである。

アリはきわめて排他的であり、別の巣の同種、ましてや他種に対しては、強い敵対行動をとるのが普通である。アリは体表炭化水素や生理活性物質で巣仲間を認識しており、それによって社会生活と巣の排他性を維持している。近縁であればあるほど、その排他性を生理的に打ち破りやすく、餌や行動の共通性から、寄生中の生活（社会生活）を営みやすいというのがその理由の一つである。また寄生種は同種のアリから進化するという説もあり、それもこの法則の実効性を支持していた。

しかし、ケアリ属における複雑な社会寄生関係については、単純に考えて、エメリーの法則に当てはまっているとは思えなかった。クサアリ亜属（明らかな近縁種の集まり）では、種によって別の亜属のアリに寄生しているからである。しかし、もともとはエメリーの法則に則った進化をとげ、そこから寄主転換等によって別の方向に進化した可能性もあり、まったくエメリーの法則から外れているとも断言できない。このことを検証するには、正確なケアリ亜属の系統関係を知る必要があった。

世界のケアリの系統樹

そこで私は、世界各地からケアリ属の標本を集め、ＤＮＡと形態の情報で亜属間の系統関係を調べることにした。これはハネカクシ研究のかたわら、博士課程の途中の２００２年から副業として開始したが、世界各地の研究者の協力を得つつも、いくつかの珍しい亜属の標本集めの困難さから、研究はなかなか進まなかった。博士研究員として国立科学博物館に移ったとき、

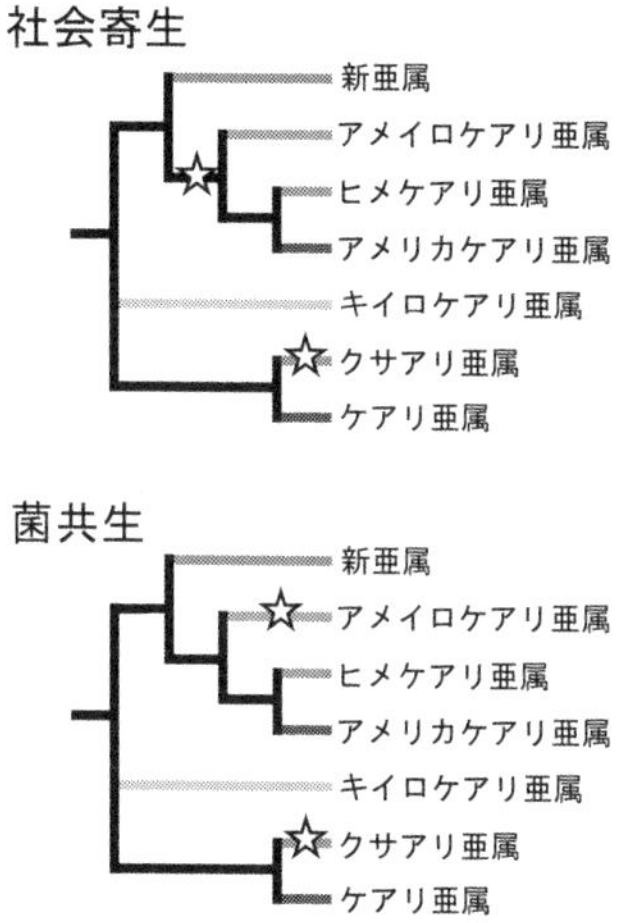

図1-25 ケアリ属の系統関係の概略図に社会寄生性亜属と菌共生性亜属を示したもの（星印）（Maruyama *et al.*, 2008を改変）.

動物研究部で鳥類のDNA解析をされていた西海《にしうみ》功《いさお》さんに実験室使用の許可をいただき、好蟻性昆虫の分類のあいまをぬって、2年間近く実験させていただいた。ロシアで採集した標本も活用し、ようやく論文として公表することができたのは、遅れに遅れて2008年のことだった（Maruyama *et al.*, 2008）。

でき上がった系統樹をもとに、亜属の関係を概略し［図1-25］、結果をごく簡単に説明しよう。

まず、ケアリ属のなかで社会寄生が2回独立して進化しており、何度も寄主を変えていることが判明した。そもそもアリ類（アリ科）のなかで社会寄生は何度も進化しており、それほど珍しい現象ではないが、一つの属のなかで複数回進化しているのを目の当たりにすると、それがいかに「容易」かつ「頻繁」に生じうる現象であるかがわかる（もちろん、数十万年以上の単位である）。

そして、エメリーの法則については、まったく当てはまらないことが明らかになった。ケアリ属のなかでは寄生種と寄主種は直接の祖先を共有しておらず、さらにまちがいなく寄生種が寄主を乗り換えて進化しているのである。アリのなかには別亜科間での寄生関係のように、エメリーの法則に当てはまらないことが最初から明らかな例もあるが、今回のような同属内での寄生関係で、エメリーの法則に当てはまらない例はほとんど知られていなかった。ケアリ属は7つの亜属（新亜属を含む）に分割され、それぞれが形態的には特徴的だが、アブラムシとの共生等の生態的な部分では比較的均質で、寄主転換が容易に生じやすいのだろう。

また、クサアリ亜属では菌と共生することがわかっており、これもクサアリの重要な特徴の一つである。共生の実態はよくわかっておらず、菌糸で木屑や土をつなぎ合わせ、巣を補強するのかもしれない。この現象はアメイロケアリ亜属にも知られるが、アメイロケアリ亜属とクサアリ亜属は直接の類縁になく、この共生関係はそれぞれの亜属で独立に進化していることも明らかとなった。

クサアリ亜属・アメイロケアリ亜属と菌との関係については、この研究の共同研究者であるシュタイナー夫妻（Birgit Schlick-Steiner さんと Florian Steiner さん）が興味深い研究をおこなっている。それによると、菌は多種から構成され、多くはクサアリ亜属とアメイロケアリ亜属で共通である。寄生関係あるいは何か別の形で、両者の間に菌の往来があったのではないかと推測している[*7]（Schlick-Steiner *et al.*, 2008）。

ケアリの系統関係の研究はいまでも継続中で、大きな枠組みとして亜属間の系統関係がみえてきたので、こんどはとくに寄生関係の複雑な（さまざまな亜属のケアリに寄生する）クサアリ亜属の種間の関係の解明に焦点を絞っている。幸い、２００９年度卒業の教え子である藤原希美さんがたくさんの標本に基づいてＤＮＡで系統関係を調べてくれ、だんだんと実態が明らかになってきた。

また、この研究の副産物として、日本のクサアリ亜属にまだ複数の新種がいることも判明した。それは「クロクサアリ」とされる種で、日本産種は2種からなり、すべて未記載種であることがわかった（Kitazawa & Maruyama, in prep.）。このことには最初、ＤＮＡ実験の結果から気づいたのだが、標本をじっくり観察すると、形態上もはっきり区別できる種だった。現在、日本産のクロクサアリには *Lasius fuji* Radchenko, 2005 という学名があてられているが、この

＊7—ケアリ属の系統関係に関する研究はその後いくつかおこなわれ、最新の充実した遺伝情報による研究成果（Bondinot *et al.*, 2023）でも、私たちの研究と大きく相違ない結果となっている。なお現在、ケアリ属では亜属という概念は使われず、似た種同士をまとめた「種群」という分類単位が使われている（クサアリ亜属はクサアリ種群）。

種は「富士」という名前であるにもかかわらず、模式標本の産地は北朝鮮であり、しかも朝鮮半島や中国、極東ロシアには分布するものの、日本には生息しないことがわかった。幸か不幸か、この*L. fuji*は古くに記載された別の種と同じ物で、私の今後の研究により、「日本にいない富士」の名は消えることになる。

　アリの研究の盛んな欧米地域を含め、ケアリ属はきわめて身近なアリであるにもかかわらず、これら未研究の面白い課題が残されていたのは幸運だった。ケアリの分類そのものがむずかしいことがあり、数多《あまた》の日本のアリ研究者でも、はじめようという人がいなかったようだ。この研究でおこなったいろいろな人に呼びかけて標本を集めるという作業は、分類学の研究と共通するものであり、それに慣れていた私には有利なところがあったかもしれない。

　また、この研究はハネカクシ採集のあいだに思いつき、たまたまはじめたことである。そもそも他種のアリの巣に寄生する時点で、そのアリは好蟻性昆虫と同じである。最初のほうでワズマンという人を紹介した。ワズマンも好蟻性昆虫とアリに興味を抱いて研究をおこない、好蟻性昆虫と社会寄生性のアリ双方に関して、重要な業績を残した。私は好蟻性昆虫をはじめた当初から、このワズマンの研究方針に強く共感していたが、奇しくも同じようにして、この研究課題を見出した。考えてみれば、これは必然なのかもしれない。

　どれほど野外に出ても、専門の生物ばかりを追いかけていると、人によってはほかの生物に対する興味が薄れてしまうことがある。しかしそれは多くの場合、重大な損失である。野外に出たからには、専門の虫をとりまく別の生物にも目を向け、それらに関する知識を深めていくのが、結局は、専門の生物に対する理解を深めることになる。植物を食べる昆虫を研究するには、植物のことをよく知らなければならないし、同様に植物を研究するには、その生活に影響を与える昆虫のことも知らなければならない。好蟻性昆虫を研究するには、寄主であるアリについても詳しく知っておいたほうが良いに決まっている。また一般に、生き物との出会い、さらにはその生き物の行動の発見は、1回きりの偶然であることが多い。直接関係のない生き物にも気を配ることは、かならず待ち受けているであろう新事実発見の糸口を見出す機会にもなる。

博士課程の途中で、唐突にこの研究を私がはじめたときには、教室の先生方には少しご心配をおかけした。しかし北海道大学の昆虫体系学教室は、いまでもそうだが、とても自由な雰囲気で、私が学位をとった当時の教授の諏訪正明先生をはじめ、助教授の秋元信一さんも助手の吉澤和徳《かずのり》さん（現准教授）も、学生が勝手に別の研究課題へ手を広げることに何も言わなかった。教員があれこれと口を出す研究室もあるなか、興味が常にあちらこちらへと向く私にとっては、本当に恵まれた環境だったと思う。もちろん、放任主義とはいえ、天才揃いの先生方は、こちらが聞きたいことは丁寧かつ的確に教えてくださった。いま考えても理想的な研究室であり、叶うなら、自分も学生に対してそのように指導できればと思っている。

第2章 アリの行列の百鬼夜行

新属、また新属

マレー半島へ行きたい

前にも述べたが、２００３年の4月から、博士課程修了後に学振特別研究員として採用されることが決まり、少なくとも3年間は国立科学博物館で、思う存分に自分の好きな研究ができる機会を得られることになった。

それに先がけて、学位授与式の直前に、私は極寒の札幌を抜け出して、マレー半島に出かけていた。博士論文を書きはじめた前年の3月からは、ほぼ丸1年、一日も研究を休まず、また一度も息抜きの飲み屋に出かけることもなかったので、熱帯での虫採りで思い切り発散したくてウズウズしていたのである。そこで、蛾を研究している後輩の大島一正《いっせい》君（現京都府立大学准教授）を誘ってマレー半島に出かけることにした。

なぜマレー半島か。１９７５年、キストナーさんとその同僚であるハーバート＝ヤコブソン（Herbert R. Jacobson）さんが、マレー半島のウル＝ゴンバッ（Ulu Gombak）で、ヒメサスライアリ属 *Aenictus* のツヤヒメサスライアリ *A. laeviceps*（F. Smith, 1857）［図2-1］から2新属を含むハネカクシを採集し、記載している（Kistner & Jacobson, 1975）。さらに同地ではウルリッ

図2-1 ツヤヒメサスライアリ *Aenictus laeviceps*（島田拓撮影）.

ヒ＝マシュヴィッツ（Ulrich Maschwitz）さん（1937～2018）というアリの生態学の大家が学生さんとともに毎年長期間アリの調査をおこなっており、その副産物としてヒメサスライアリ属の数種からハネカクシを採集し、その標本をもとにキストナーさんが多数の新属や新種を記載していた。

博士課程までの調査で日本の好蟻性昆虫相の概観がみえてきて、こんどは東南アジアを調査地にして研究を展開したいと思っていた。なんといってもアリの本場は熱帯である。熱帯雨林におけるアリの生物量（すべての個体をかきあつめた重さ）は、脊椎動物（カエルやトカゲや哺乳類）全体のそれを大きく上まわるといわれている［図2-2］。また種数も多い。アリの種数は日本全体で300種弱であるが、熱帯雨林では、わずか数百メートル四方に500種以上が記録されることもある。好蟻性昆虫の多くは1種ないしわずかな

図2-2 熱帯雨林におけるアリと全脊椎動物の生物量を比較した図（Hölldobler & Wilson, 1994を改変）. 大きさに注目.

種数のアリと特異的な関係をもつ。いうなれば、アリの生物量の多さは好蟻性昆虫からみた資源（生活場所や餌）の多さを示し、アリの種数の多さは好蟻性昆虫からみた環境の多様性をそのまま示す。つまり熱帯には潜在的に非常に多くの好蟻性昆虫が生息しているということになる。とくにいま述べたヒメサスライアリ属のアリと共生するハネカクシの種多様性には、その著しい形態的な多様性と寄主特異性の高さから、研究の大きな可能性を感じていた。

　そこで、比較的調査の進んでいると思われたマレー半島のウル＝ゴンバッで様子を見て、今後の調査に臨みたいと思ったのである。また、私が修士課程のころから研究を応援してくださっていた香川大学の伊藤文紀さんが、そのころウル＝ゴンバッを主要な調査地としていて、現地の受け入れ研究者であるマラヤ大学のロスリー＝ハシム（Rosli Hashim）さんを紹介してくださり、すぐに仮調査をはじめることができたのは何よりもありがたいことであった。

地下のサスライアリ

出発の直前にキストナーさんから論文が送られてきた。その論文では、マレー半島の北部にあるペラッ州で、マシュヴィッツさんの教え子たちが地下性の原始的なサスライアリであるモトサスライアリ *Dorylus* (*Dichthadia*) *laevigatus* (F. Smith, 1857) の巣から採集した標本をもとに、3新属を含む6種のハネカクシを記載していた (Kistner *et al.*, 2003)。これには衝撃を受けた。モトサスライアリの好蟻性昆虫はそれまでまったく未知で、一気にそれだけのものが発見されたのである。

その少し前にマシュヴィッツさんの学生さんたちが、このアリの調査法を開発し (Weissflog *et al.*, 2000)、本種の潜在的な生物量の多さを示唆していた (Berghoff *et al.*, 2002)。調査法は簡単で、網籠を地面に埋め、そこにヤシ油をたらしておくと油を飲みに来たサスライアリが集まり、網籠を引き抜くと多数のアリが採集できるというものである。

ものは試しと、ウル＝ゴンバッに着いたらこの方法をやってみて、アリと一緒にハネカクシを採集してみようと思った。マレーシアはこのときが2回目で、熱帯も2回目である。最初のマレーシアは遊びのような昆虫採集だったので、それまで熱帯で好蟻性昆虫の調査をしたこと

図2-3 ウル=ゴンバッの調査基地の外観（University Malaya, Field Studies Centre）.

がなかった。第一にヒメサスライアリは調べたいものの、何をやってよいか見当がつかない。マシュヴィッツさんたちと変わらないものが採れるだろうが、ひとまずモトサスライアリを調査して、何か成果の出そうなことをやってみたかった。

マレーシアの首都であり大都会のクアラ＝ルンプールから北西へ車で約1時間のところに調査地であるウル＝ゴンバッはある。ごみごみとした街を抜けると、車窓の風景に緑が増していく。オラン＝アスリ（Orang Asli　原住民）の集落を抜けると、一気に熱帯雨林のなかに入りこむ。

ウル＝ゴンバッにはマラヤ大学の宿泊施設があり、そこを調査基地とする［図2-3］。その基地は広大な熱帯雨林の中心部にあり、玄関を開けるとすぐそこに森が広がっている。子供のころから熱帯の生物に憧れていて、熱帯雨林というものに特別な感情をもっていた私にとって、ウル＝ゴンバッはなんとも夢のような場所であった。この初めて訪れたときの感動は変わらず、ウル＝ゴンバッはいまでも私のもっとも大切な調査地となっている。

薄暗い森に入りこむと、セミ、キリギリス、カエル、鳥など、時間によってさまざまな生き物の声に包まれる。さらに頭上に聞こえるサイチョウの羽音。そしてそこにはあらゆる色彩がある。

ウル＝ゴンバッはかなり太く高いフタバガキが点在し、一見、原生林のように思えるが、実は古い二次林（一度伐採され、人手の加わった過去をもつ林）である。標高は２５０メートル程度で、東南アジア全体で開発によって失われつつある低地の森のなかでは、貴重な場所といえる。

現地では、当時ロスリーさんのところに出入りしていた社会人研究生のイェ＝ジーフィー（Yek Sze-Huei）さん（現サバ大学講師）が案内してくれることになった。気の短い女の人で、私の英会話能力の低さや動きのトロさにプリプリと怒りながらも、一緒に網籠を埋めるのを手伝ってくれた。

そして夜が訪れた。カエルが鳴き、キリギリスやコオロギが鳴き、正体のわからない生き物も鳴いている。初めての熱帯雨林の夜は、驚くほど騒々しかった。騒々しいといっても、決して不快ではなく、一つひとつに耳を澄ますとすべてが美しく心地よい。どれも個性豊かで、と

図2-4 油に集まったモトサスライアリ *Dorylus*（*Dichthadia*）*laevigatus*（囲みは島田拓撮影）.

きに面白い音色を響かせている。さらに湿った土の匂い、夜に咲く花の甘い香り。いずれもが胸を高鳴らせるには十分だった。

網籠をドキドキしながら覗く。早速サスライアリが集まっているではないか［図2‐4］。アリの大きさは3〜7ミリメートルで、働きアリの大きさの変異が著しい。これはサスライアリ属の特徴の一つである。網籠を引き抜くと、ボロボロと落ちるほど、たくさんのサスライアリが集まっている。私はアリを土ごとポリ袋に回収し、網籠を再びそこに埋め戻し、油をたらして、宿泊所へと戻った。

回収したアリの塊を少しずつ篩《ふるい》にかける。何も出てこない。1回目の回収では何も見つからなかった。サスライアリは大顎が針のように鋭く、気を抜くと噛まれて大顎が指に突き刺さる。

そして2時間後に2回目の回収をおこない、篩にかけてみる。すると、ようやく2ミリメートルほどの小さなハネカクシが出てきはじめた。数頭採集し、顕微鏡で見ると、なんとキストナーさんの論文に出ていないものである。さらに次々に違うものが現れたが、いずれもキストナーさんの論文に出ていないものだ。そして最後のほうに出たものは、とても珍奇な姿のもので、明らかにアフリカでしか近縁のものが知られていないハネカクシだった［図2-5］。

　サスライアリ属 *Dorylus* はアフリカで大繁栄しており、約60種が知られている。それらと共生する好蟻性昆虫も、ハネカクシを筆頭にきわめて多種多様である。いっぽう、アジアにはわずか数種が遺存的に分布しているだけである。理屈ではアフリカと共通のものが見つかる可能性は十分に考えられたが、アジアからまったく知られていなかったものを自分の手で発見した喜びは大きかった。思わず大声で「やったー！」と叫んで、「どうかしはりましたか」と小さな蛾の標本を作っていた大島君を驚かせたが、言葉ではとても言い表せない、跳びあがって踊りだしたいほどのうれしさだった。結局、このサスライアリの調査では、5新属を含む15種以上のハネカクシを

図2-5 モトサスライアリと一緒に見つかったアフリカに近縁種が知られる新属新種のハネカクシ．電子顕微鏡写真（著者撮影）．

採集した。

私はマシュヴィッツさんたちの調査ですでにかなりのものが発見されていると思いこんでいた。しかし、たった1種のアリでも、きちんと調べればまだまだ新しいものが採れる。熱帯での好蟻性昆虫の調査の深淵を私は最初から覗きこむことになった。考えてみればキストナーさんもここには一度しか来ていないし、アジア全体でみても、専門に好蟻性昆虫を調べた人は皆無である。日本で研究を続けるうちに、私はアジアでこの分野の研究の先駆者になれるのではないかと感じるようになったが、この成果を目の前にしてそのことを確信し、今後の調査に待ち受けているであろう数々の発見を夢想した。

こうして私のマレーシア調査は幕を開け、快哉を叫んだ瞬間、マレーシアの森の虫たちに取り憑かれたのだった。

このとき、同時に見つけたノミバエ科 Phoridae のハエに新種が見つかり、イギリスのノミバエの大家であるヘンリー＝ディズニー（R. Henry L. Disney）さんと一緒に記載した（Maruyama & Disney, 2008）。その際、過去に数種のシロアリの巣から採集されているノミバエの一種 *Puliciphora beaveri* Disney, 1988 も記録した。この報告は、同種の共生生物がアリとシロアリの双方の巣にすむ初めての例となった。モトサスライアリはシロアリを主な餌としており、このノミバエはアリによる捕食の際にシロアリから乗り移ったか、逆にアリからシロアリに移動したと考えられる。今後、遺伝学的な検討をおこない、アリの巣にすむものとシロアリの巣にすむものの間で、なにかしらの分化が生じていないかを調べたいと思っている。ヒゲブトハネカクシには、同属に好蟻性種と好白蟻性種を含む場合が稀にある（Kistner, 1993; Maruyama, 2004c など）。おそらくこのように、アリ－シロアリ間の捕食被食の関係で共生生物の移動が起こり、それが種分化へとつながっていくこともあるのだろう。

コラム●属ってなんだろう

「新属が採れた」と述べたが、ピンと来ない方が多いかもしれない。ここで少し属について説明しよう。まず学名（種名）とは属名と種小名を合わせたものである［図2-6］。種小名はそれぞれの種に対して割り当てられるものであり、属名は通常、近縁の複数の種に対して用いられる（同じ属に含めるべき近縁種がいない場合、1属1種となる）。

種の区別については、さまざまな概念があるものの、一部の例外をのぞき、それなりに決定づけることが可能である。

いっぽう、種の上の単位である属についてはどうだろうか。これは種よりもずっと曖昧で、そもそも概念らしい概念がない。単系統の種の集まり（共通の祖先から進化した種の集団）に対してのみ属（あるいはほかの種より上位の分類単位）を認めるという考え方はあるが、それではどこまでのまとまりを属とすればよいのだろうか［図2-7］。とてもむずかしい問題である。

ある研究者は、「かなり違う」と詳細な観察なしに感じるものを属とするのが適当であると言った。非常に曖昧な響きをもつ表現ではあるが、実際に多数の種を扱って分類をしている者にとっては、共感できる言葉である。

単系統群だからといって、さまざまな姿をした種からなる数千種を、たった1つの属にまとめてしまうと、それは分類体系としてとても不便なものになる。甲虫にも3000種を超えるナガタマムシ属 *Agrilus* などがあるが、実際にこの仲間の同定は困難を極める。やはり、曖昧とはいえ、経験を積んだ研究者が、「かなり違う」という感覚で、適度に属を分けたほうが、多くの人にとって使いやすい体系となる。これは属より上の単位である族や亜科、科などについても、同様のことがいえ、遺伝的にどれだけ違うというような基準を設けてしまうと、結局使いにくい体系ができ上がっ

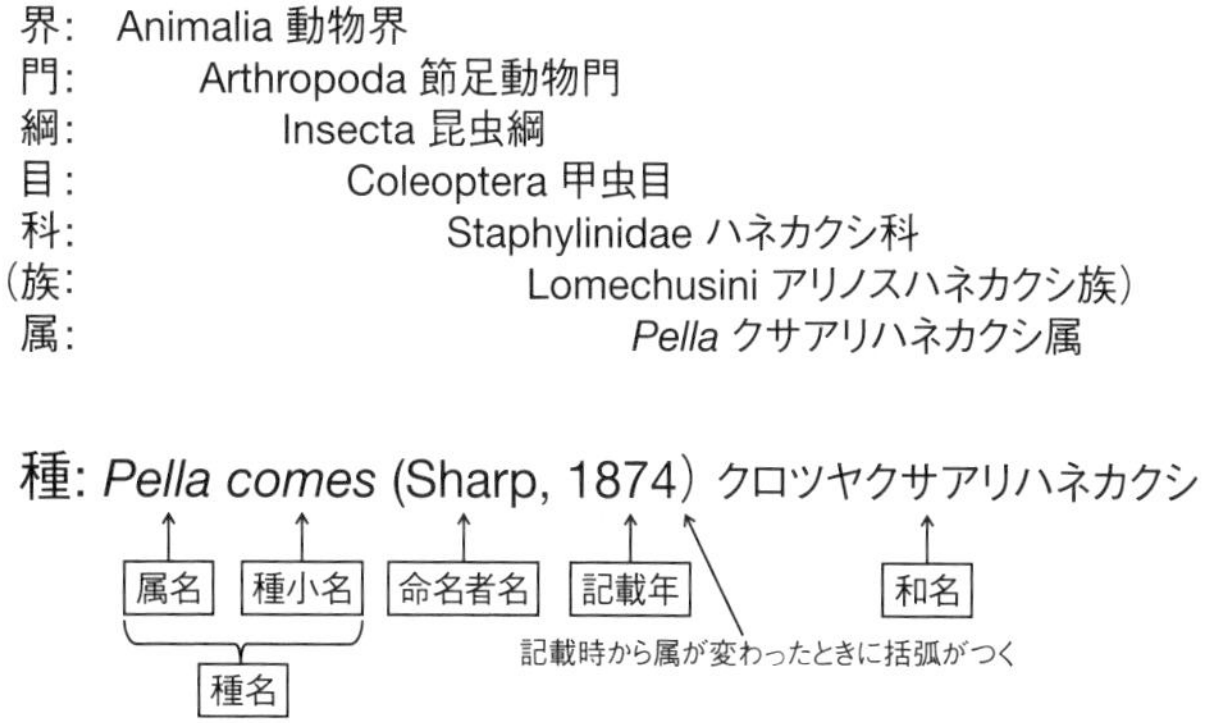

図2-6 クロツヤクサアリハネカクシ *Pella comes* を例とした動物の分類階級と学名の仕組み. 種の下には亜種という階級もある. ほかに, 各階級の下に, 亜目, 亜科, 亜族, 亜属, 上に, 上目, 上科, 上族などもある. 族は用いないこともある.

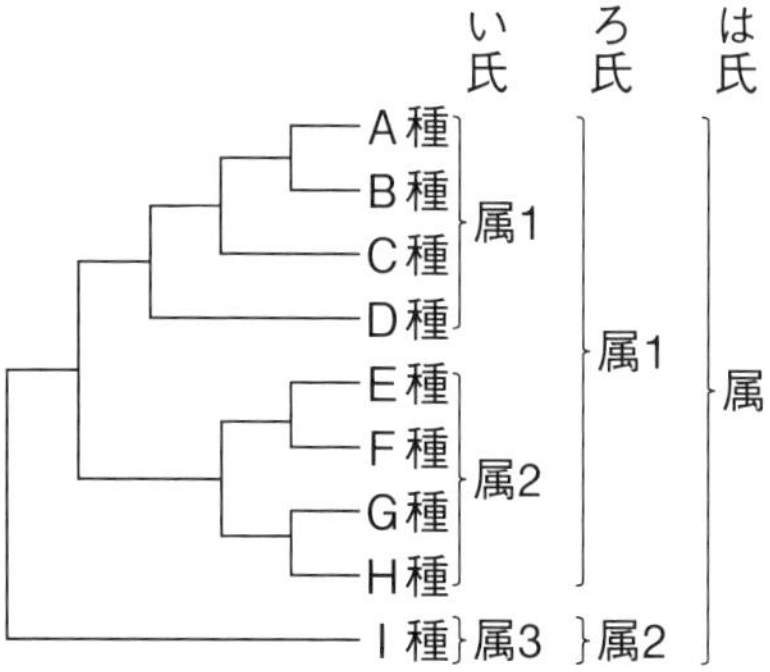

図2-7 ある分類群の種間系統関係と人による属を分ける感覚の違い. 同じ分類群をある人は1属としてまとめ, ある人は3属に分ける.

てしまい、実用的ではない。なお、ナガタマムシ属の場合、本当にどれもよく似ているので、このような理想論を押し付けるのは少々無理があるかもしれない。

もちろん、「かなり違う」という感覚は人によって異なる。分類体系は多くの研究者の研究成果（より信頼性の高い系統関係の解析結果など）と合意によって洗練されていき、最後には落ち着いたものとなることが多い。

なお、私は「かなり違う」の感覚には比較的慎重である。本書で述べる新属は、系統関係を考慮したうえで、本当に似たものの見つかっていない「猛烈に違う」ものであり、決して細分主義による大げさな表現ではないので念のため。

ヒメサスライアリを探せ

採集のむずかしさ

ウル＝ゴンバッを訪れた第一の目的は、先に述べたように、ヒメサスライアリ属 *Aenictus* と共生するハネカクシの過去に記載された種の再採集だった。

私が研究をはじめた２００３年の時点で、アジア一帯（東洋区）から記載されたヒメサスライアリと共生するハネカクシは4族にわたる21属34種あった（その後、私が4属10種、キストナーさんが1属1種追加しており、２０２４年現在、26属45種）。そのうち、キストナーさんが、自身の採集品とマシュヴィッツさんの採集品でマレー半島から記載したハネカクシは15属27種にのぼる。

先ほど触れたが、いずれのハネカクシも1種のヒメサスライアリのみと共生しており（ただし、1種のアリに複数種のハネカクシが共生していることは少なくない）、つまりきわめて高い「寄主特異性（host specificity 特定の寄主に生活を依存すること）」をもつことが過去の研究ではわかっている（Kistner *et al.*, 1997など）。しかもハネカクシの形態はきわめて多様である。よってヒメサスライアリと共生するハネカクシは、好蟻性昆虫とアリの関係の進化、そして好蟻性昆虫の形態の進化を追う材料としてたいへん面白いに違いないと感じた。

また、このヒメサスライアリと共生するハネカクシはアフリカにもいるが、ごく少数で、しかも特化した属は少ない。ヒメサスライアリの種多様性も形態的多様性もアジアのほうが圧倒的に高く、右に紹介したハネカクシは、近縁の分類群との関係からも、明らかにアジア一帯で多様化をとげたものと考えられた。アジア一帯のヒメサスライアリ共生ハネカクシは、熱帯アジアという比較的狭い地域内での好蟻性昆虫の多様化の研究材料としても最高のものに思えた。

さらに、好蟻性昆虫は、あとでさまざまなものを紹介するが、形態的にきわめて多様である。しかし、その意味についてはほとんどわかっていない。生物の形の意味というのは、実に面白い課題であるが、同時にきわめて難解な問題でもある。好蟻性昆虫の形態の進化を追うことによって、形態の意味を探るのは、今後の重要な課題である。その点で、寄主特異性の高いヒメサスライアリと共生するハネカクシは、近縁種間において、行動や形態の差異を比較することにより、形態の意味を考察しやすいのではないかと考えている。

右にあげた通り、マレー半島は重要な産地で、系統的にも主だったものが揃っている。既知の15属のうち、少なくとも1属につき1、２種は採集しようと計画しており、最初は採集法こそよくわからないが、なんとかなるだろうと高をくくっていた。そして何回かの調査でマレー半島のものを一通り採集し、東南アジアの別の地を調査しようなどと考えていた。しかしまもなくそれが大まちがいであることがわかり、しばらくしてたいへんな長旅になることに気づいたのだった。

２００３年の最初のウル＝ゴンバッ訪問では、ヒメサスライアリを見つけることさえできなかった。２００４年の2回目には、ようやく数種のヒメサスライアリを見つけ、そのうちの1巣から、共生するハネカクシを採集することができた。しかしこれは、いま思うとまぐれだった。２００５年は何も採れず、２００６年の４回目の訪問でようやくコツがみえてきた。

そもそもヒメサスライアリ自体が珍しい。キストナーさんも数週間滞在して、ようやく1巣のツヤヒメサスライアリを見つけただけだし、マシュヴィッツさんも、アリ研究の片手間とはいえ、大勢の教え子と一緒に30年以上調査した結果である。そう簡単にハネカクシが採れるはずがない。しかし、東南アジア全体で少なくとも30種のヒメサスライアリが記録されており、周辺地域の記録から、ウル＝ゴンバッだけでも15種程度は確実に生息しているはずである。ヒメサスライアリの珍しさと種数の多さは、この調査の先の長さを明確に示していた。

どうしてヒメサスライアリはそんなに珍しいのか、それには二つの理由がある。

一つは、ヒメサスライアリはアリを専門に食べるアリであること。ほかのアリの巣を襲って、成虫や幼虫を狩って食べるのである。2〜5ミリメートルほどの小さなアリだが、毒針を使って自分よりはるかに大きなアリを仕留める。先ほど述べたように、マレー半島のような熱帯雨林はアリの楽園であり、アリは分解者（広義）、捕食者として重要な役割を果たしている。そのアリを食べる生き物は、生態系の頂点の一つにあるといってよい。そのような生き物の個体数（巣の数）が多いはずがない。

もう一つは、ヒメサスライアリは「軍隊アリ（army ants）」といわれるアリの仲間であること。軍隊アリとはいわば放浪性のアリのことで、定期的に移動と停滞を繰り返し、決まった巣をもたない。停滞中や移動中には木のうろやネズミの巣穴に一時的に集合し、「仮巣（bivouac／

引っ越しを前提とした一時的な巣)」を作る。決まった巣があって、そこから出入りしているような定住性のアリであれば、しらみつぶしに地面を見ていけば、まだ見つけやすい。しかし、ヒメサスライアリを見つけるには、偶然の出会いを求めるしかない。

さらにヒメサスライアリを見つけたからといって、ハネカクシが見つかるという保証はないのだ。ヒメサスライアリの共生ハネカクシは、ふだんは仮巣の中にいて、決して外には現れない。ハネカクシを採集するには、ヒメサスライアリの巣をまるごと採集するか、引っ越しをじっくりと観察し、アリと一緒に引っ越すものを拾い出す以外にないのである。なんとむずかしいのだろうか。野外調査を通じてこのことを理解しはじめときには、森がハネカクシをどこか手の届かないところに隠しているかのように感じられた。

高原での採集

２００６年６月、ウル＝ゴンバッでの４回目の調査の途中に、特別に採集許可をもらって、大勢の知人友人とマレー半島の標高約１１００メートルにあるブキッ＝フレーザー（Bukit Fraser）というところに出かけた。このときは前出の大島君に加え、北海道大学理学部でテントウムシを研究していた小林憲生《のりお》さん（現埼玉県立大学教授）、京都工藝繊維大学でアリの化学生態学をやっていた藤原直《なお》さん（現生物資源研究所研究員）、九州大学大学院生でシリアゲアリの分類をやっている細石真吾君（現九州大学助教）、信州大学大学院生でアリヅカコオロギを研究している小松貴《たかし》君（現フリーの昆虫学者）、愛媛大学でシリホソハネカクシを研究している片山雄史君も同行した。目的はそれぞれ別だが、小松君はアリヅカコオロギを研究している関係で、アリの巣の昆虫全般に協力してくれることになっていた。

幸い、早いうちにツヤヒメサスライアリ *Aenictus laeviceps* と思われるアリを小松君が発見した。ある日の夕方、宿泊所の食堂でのんびりと紅茶を飲んでいたら、小松君が走ってきた。

「ヒメサスライアリの引っ越しを見つけました」

それから夕食もとらず、夜遅くまで6時間以上ヒメサスライアリの引っ越しを観察した。結果として、ハネカクシを2種、ノミバエを1種採集することができた。ハネカクシのなかで、*Aenictobia thoi* Kistner & Jacobson, 1975 というハネカクシは多数採集できたが、アリにそっくりな姿をした *Mimaenictus wilsoni* Kistner & Jacobson, 1975 は1頭しか採集できなかった。観察をはじめたのが、引っ越しの終わりかけだったのだろう、すでに多くは移動してしまった後だったようだ。また、これら2種のハネカクシは、キストナーさんとヤコブソンさんがウル＝ゴンバッから採集し、自ら記載したもので、マレーシアで最初に発見されたヒメサスライアリと共生するハネカクシである。このときはウル＝ゴンバッでまだ見つけておらず、再採集の対象としては、幸先が良いと感じた。

図2-8 ブキッ＝フレーザーで得られた *Mimaenictus wilsoni* に似た新属新種のハネカクシ（小松貴撮影）.

ところが、形態的な特徴からそれらの種だと思いこんでいたのだが、その後、真の種をウル＝ゴンバッで採集し、ブキッ＝フレーザーのものは実はまったく別のものであることに気づいた。*Mimaenictus wilsoni* だと思いこんでいたもの［図2-8］にいたっては、DNA系統解析の結果、別の属（新属）に属するものであることがわかったのである（Maruyama *et al.* in prep.）。また、アリもツヤヒメサスライアリとは似て非なる別種だった（Maruyama *et al.*, in prep.）。

ウル＝ゴンバッは標高２５０メートル程度の低地林で、１１００メートルのブキッ＝フレーザーとは標高も植物相もかなり異なる。その後、マレー半島のあちこちをまわるうちに、低標高地と高標高地では、生息する昆虫の構成がまったく違うことが実感としてわかってきた。その違いは日本の低地と山地の差よりも大きいように思える。低地と山地で共通するものもいないわけではないが、そもそもウル＝ゴンバッで採れた種とブキッ＝フレーザーで採れた種を同じものと簡単にみなすこと自体が大きな誤りだったのである。

ここではヒメサスライアリを見つけやすく、ケブカヒメサスライアリ *Aenictus gracilis* Emery,

1893の引っ越しも見つけることができ、そこからは以前から恋焦がれていた珍奇なハネカクシである *Aenictoteras malayensis* Kistner, 1993と *Rosciszeuskia magnificus* Kistner, 1993、*Trichotobia gracilis* Kistner, 1993［図2-9］の３種を採集することができた。ウィリアム＝ホイラー（William M. Wheeler １８６５〜１９３７）というアリ研究者が１９３２年に新属新種として記載した *Aenictoteras chapmani* Wheller, 1932という種がおり、これはヒメサスライアリから初めて発見された共生者である。同時に、腹部が撞木《しゅもく》のような異形で、世界の甲虫のなかでも屈指の奇虫である。前２者はそれに近縁で、同じようにすごい形をしている。私はホイラーやキストナーさんの論文を見て、いつか採集できないものかと、強い憧れを抱いていた。

幸い、見つけたのが引っ越しをはじめて間もないころだったようで、登山道に横たわる倒木の上の行列を眺めていると、次々にハネカクシが通り過ぎた。そこを吸虫管（ホースの途中に管があり、虫を吸いこむことによって、管の中に虫が溜まる仕組みの道具）で吸う楽しさといったらなかった。

この調査では、小松君の協力もあって、ウル＝ゴンバッでも数種のヒメサスライアリを見つけ、そのうちの１種（新種）からハネカクシを採集することができた。アリによく似た *Malaybergius aenictophilus* Kistner, 1993というもので［図2-10］、アリとの関係が密接で行動が面白かった（Maruyama *et al.*, in prep.）。キストナーさんはこの種（属）をSahlbergini族という

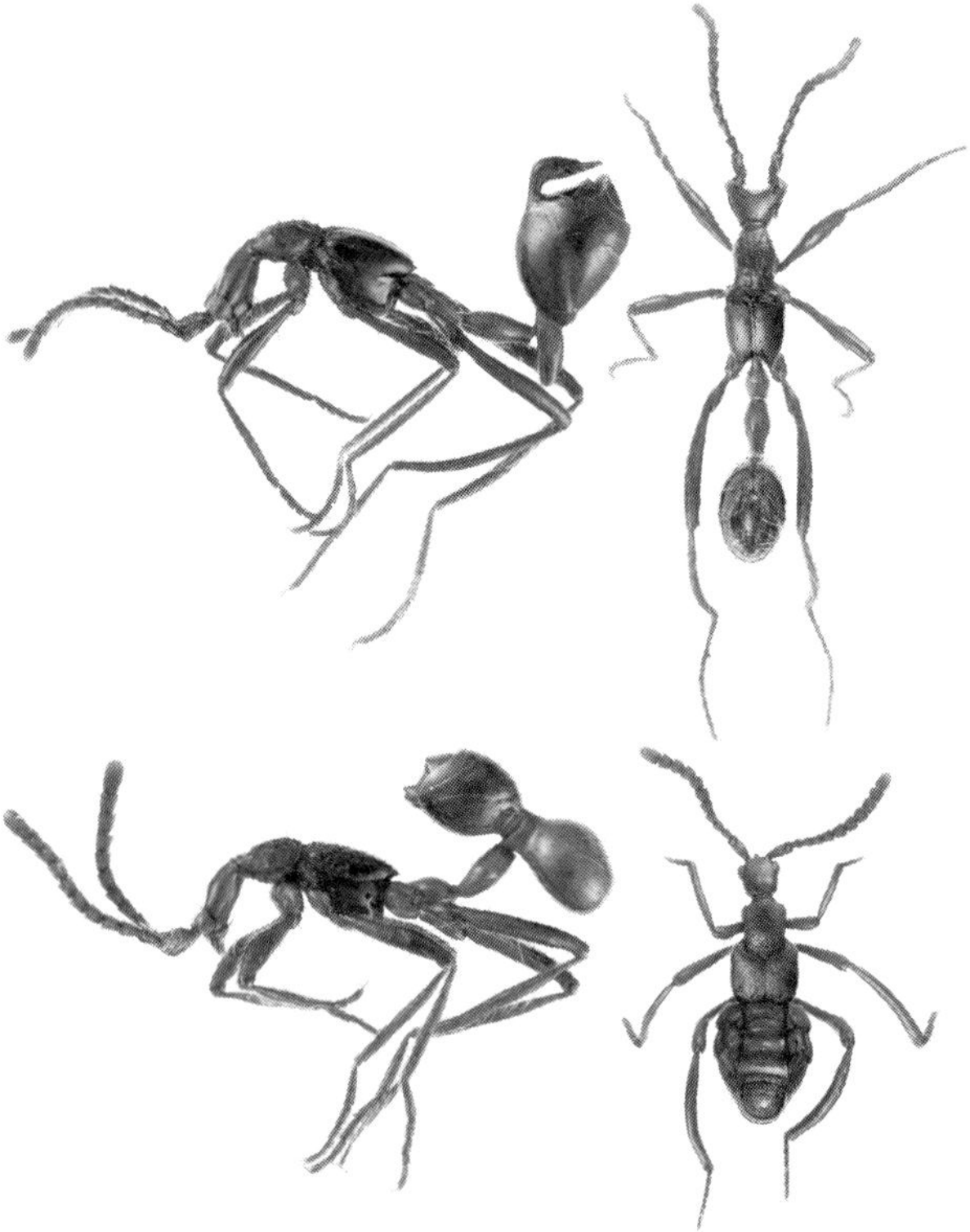

図2-9 ケブカヒメサスライアリ *Aenictus gracilis* と共生するハネカクシ．*Aenictoteras malayensis*（上左・上右），*Rosciszewskia magnificus*（下左），*Trichotobia gracilis*（下右）（著者撮影）．

図2-10 ウル=ゴンバッで得られたハネカクシ *Malaybergius aenictophilus*（著者撮影）.

分類群に置いていたが、私は野外で動きや雰囲気を一目見て、それは違うのではないかと感じた。標本をもち帰って観察したところ、やはりその予感は当たっており、後に私はアリノスハネカクシ族Lomechusiniにこの属を移した（Hlaváč *et al.*, 2011）。普段からいろいろな高次分類群に含まれる昆虫を観察していると、野外での観察時、その種の正確な所属を感覚的に察することがある。このときは、アリノスハネカクシ族のさまざまな種の生きた姿の記憶が頭にあり、具体的に説明するのはむずかしいが、それと照合して行動に一致するものがあった。主として死んだ標本を扱う分類学においても、より良い研究をおこなうには、生きたものを見ることによって得られる情報は多い。それを「勘」として身につけるためにも、やはり野外調査は重要なのである。

歩道の掃除から

改めて本格調査

結局、２００３年から２００６年までの３年間、国立科学博物館でお世話になっていた期間にはマレーシアを５回ほど訪れ、ヒメサスライアリの探索に終始した。しかし、満足のいく成果には程遠く、ヒメサスライアリの調査の困難さをただ身をもって知ることで終わった。

２００７年の４月から５月、当時アメリカで博士研究員を続けていた私は、ウル＝ゴンバッに１か月滞在した。このときは事前に作戦を練り、こんどこそはと徹底的にヒメサスライアリとハネカクシを探すことにした。

結果から言って、この調査は大成功だった。マシュヴィッツさんやキストナーさんの採集したハネカクシの９割以上を再び採集したうえ、新種はもちろん、複数の新属をも採集することができたのである。最初にウル＝ゴンバッでは比較的調査が進んでいると思ったと述べた。しかしそれは完全に私の思い違いだった。

ヒメサスライアリのなかには、落ち葉の下を移動し、目につきにくい種も少なからず存在する。そこで私は、着いてすぐ、数日をかけて、森の中にある道という道（歩道や獣道）の落ち葉を熊手で掃除した。それから、朝から晩まで、ひたすら地面を見てヒメサスライアリを探す毎日が続いた。森のなかは市街地に比べると涼しいが、それでも日中は摂氏30度を超え、体中から汗がにじみ出てくる。下を向き、汗で濡れる眼鏡を拭きながらゆっくりと歩道を歩く。あまりにも過酷だったので、帰るまでに10キログラム以上体重が減り、調査期間の途中から、ずり落ちるズボンを押さえながら歩いた。

　前に書いたように、ハネカクシは普段、ヒメサスライアリの仮巣の中で活動しており、引っ越しのときだけアリと一緒に巣の外に姿を現す。そこで、ハネカクシを採集するには、ヒメサスライアリの引っ越しを観察することがいちばん重要になる。しかし引っ越しを見つけるというのもむずかしい。偶然見つけることもあるが、引っ越しの中盤だったり、終わり近くだったりすると、すでにハネカクシは引っ越した後のことがあるので、あまり成果はあがらない。

　いちばん良いのは、昼間に狩りをしているアリを見つけた後、まずは行列をたどって仮巣を見つけ、引っ越しまで待って、引っ越しの最初から最後まで観察することである。行列は通常複雑に入り組んでいて、巣だと思ったら餌の一時的な置き場だったり、高い木の上を行列が通過しており、どの方向に巣があるのかわからなくなったりと、仮巣を見つけること自体がむずかしいことも多い。ときに藪をこいだり、地面に這いつくばったりと、必死になってようやく見つかることもある。見つければしめたもの。ヒメサスライアリの仲間は女王の産卵期をのぞき、基本的に毎晩引っ越すので、ただ引っ越しの時間を待つのみである。

引っ越しがはじまると、地面に座ったり、横になったりして、じっくりと観察と採集をおこなうのだが、これが夢のように楽しい。引っ越しが夜になることも多く、その場合は頭にヘッドライトをつけての作業となる。じっと行列を眺めていると、たまにハネカクシがやってくる。多いときには1つの巣に数十頭、少ないときでも数頭のハネカクシがおり、数分から十数分間隔で現れることが多い。どれも甲虫とは思えないとても変わった姿をしており、そのたびに驚き、とくに初めて見る種が来ると、言いようのない感動が訪れる。そのとき私は古《いにしえ》の妖怪図鑑、鳥山石燕《とりやませきえん》の『画図百鬼夜行』を思い出し、暗く静かな森の中を移動する異様な姿の虫の数々を、これに喩《たと》えたいと思った。

ハネカクシによっては、自分の登れない段差のあるところに来ると、アリに運んでもらうようにねだる者がいたり、なかにはアリの背中に随時乗って生活する者もいた（Maruyama *et al.*, 2009）。ヒメサスライアリの種によっては1つの巣が20万頭を超える働きアリからなり（未発表）、長いときには引っ越しに8時間も10時間もかかることがあった。しかし、吸虫管でハネカクシを採集していると、そんな時間はあっという間に過ぎてしまう。アリを見つけ、さらに引っ越しを待つ苦労が報われるときだ。

引っ越しが深夜に限られ、観察のむずかしいアリもいて、その場合は仮巣をまるごと採取することもある。仮巣は木のうろや土中の哺乳類の巣穴の跡などにあり、巣の採取の際にハネカクシが逃げてしまうことが多い。その点、あまり効率的ではないが、ハネカクシを少しでも採集するにはあらゆる手段を講じなくてはならない。

その際、バケツに採取した巣を人為的に引っ越しさせるのも効果的である。バケツの内側にタルク粉（ベビーパウダー）を塗り、そこに巣（アリを含む土と落ち葉）を入れると、アリはバケツの側面から這いあがれない。そこに木の枝を差しこみ、地面へと道をつけると、アリはその枝を伝って逃げようとし、一緒にハネカクシもついてくる。アリもハネカクシも細い枝だけを渡るので、たいへん見つけやすい。これはドイツ人研究者で、マシュヴィッツさんの弟子であるフォルカー＝ヴィッテ（Volker Witte）さん（１９６９〜２０１５）がハシリハリアリ属 *Leptogenys* のアリと共生する昆虫を観察するのに用いていた方法で、ヒメサスライアリにも応用できることがわかった。

ヒメサスライアリのなかでも共生者の採集がむずかしいのは半地下性の種である。たとえば、トゲヒメサスライアリ *Aenictus dentatus* Forel, 1911 は常に落ち葉の下を行進し、オオズアリ属 *Pheidole* のアリを専門に狩る。しかし、アリさえ見つければ、巣を見つけるのは比較的容易で、落ち葉の下など無防備なところに仮巣があることもある。その巣をまるごと採集するのだが、地下性の種では、バケツに入れても容易に這い出てこない。そこで、こんどは少し可哀そうだが、仮巣をまるごとアルコールに漬け、そこから死んだハネカクシを探し出すことになる。最初はアリを生かしたまま、仮巣を篩にかけてハネカクシを選り分けていたのだが、ハネカクシのなかにはアリの背中に乗って生活しているものもいて、それらはふるってもなかなか落ちてこず、見落としてしまうことがよくあった。

このトゲヒメサスライアリのハネカクシも面白く、アリに運んでもらうような高度な適応は地下性のためにみられないが、珍奇な形態のものが多く、姿のみならず大きさも多様で、採集しながら本当に驚いた［図2－11］。とくに新属新種のものは、甲虫とは思えない奇妙な姿をしていた。

脚無し、翅無しのハエ

このときの調査の最初のころ、いまでは重要な相棒となっている小松貴君に調査を手伝ってもらった。その際、アリの幼虫のなかに、変わった虫が紛れこんでいることに気づき、ヒメサスライアリの幼虫に擬態しているノミバエ科の *Vestigipoda* 属のハエ（成虫）が発見された論文を思い出した。このハエはなんと脚も翅もなく、アリの幼虫にきわめて似ている。ハエには見えないし、ましてや成虫とは決して思えない奇怪な姿をしている（Weissflog *et al.*, 1995）［図2－12］。世界中の奇虫を集めたら、これも上位に選ばれることとまちがいないだろう。

図2-11 トゲヒメサスライアリ *Aenictus dentatus* と共生するハネカクシ. 左から, 新属新種, *Tobiisima* sp., *Dentaphila malaysiensis* Kistner, 1997（著者撮影）.

図2-12 ケブカヒメサスライアリの仮巣のなかに見つけたハエ *Vestigipoda maschwitzi* Disney, 1998の成虫（著者撮影）.

それから別の種のヒメサスライアリの巣から、さらに2種の同属のハエを見つけ、帰ってからすべてが新種だと判明した。これらはディズニーさんと一緒に記載した（Maruyama *et al.*, 2008）［図2－13］。

その後の調査でも、また別の種のヒメサスライアリの巣から *Vestigipoda* 属のハエを見つけ、すでに手元に6新種ほどがある。これまでに集積した情報によると、このハエは非常に寄主特異性が高く、1種のハエは1種のヒメサスライアリのみと共生する。今後どんどん新種が見つかると思われる。

ただし、この属のハエは雄が見つかっておらず、おそらく雄は普通の形のノミバエの姿（台所で生ごみを放置していると周囲を飛び交う黒くて小さなハエの多くはノミバエである）をしていると想像される。*Vestigipoda* 属は古い時代に雄で別の名前で記載されている可能性もある。

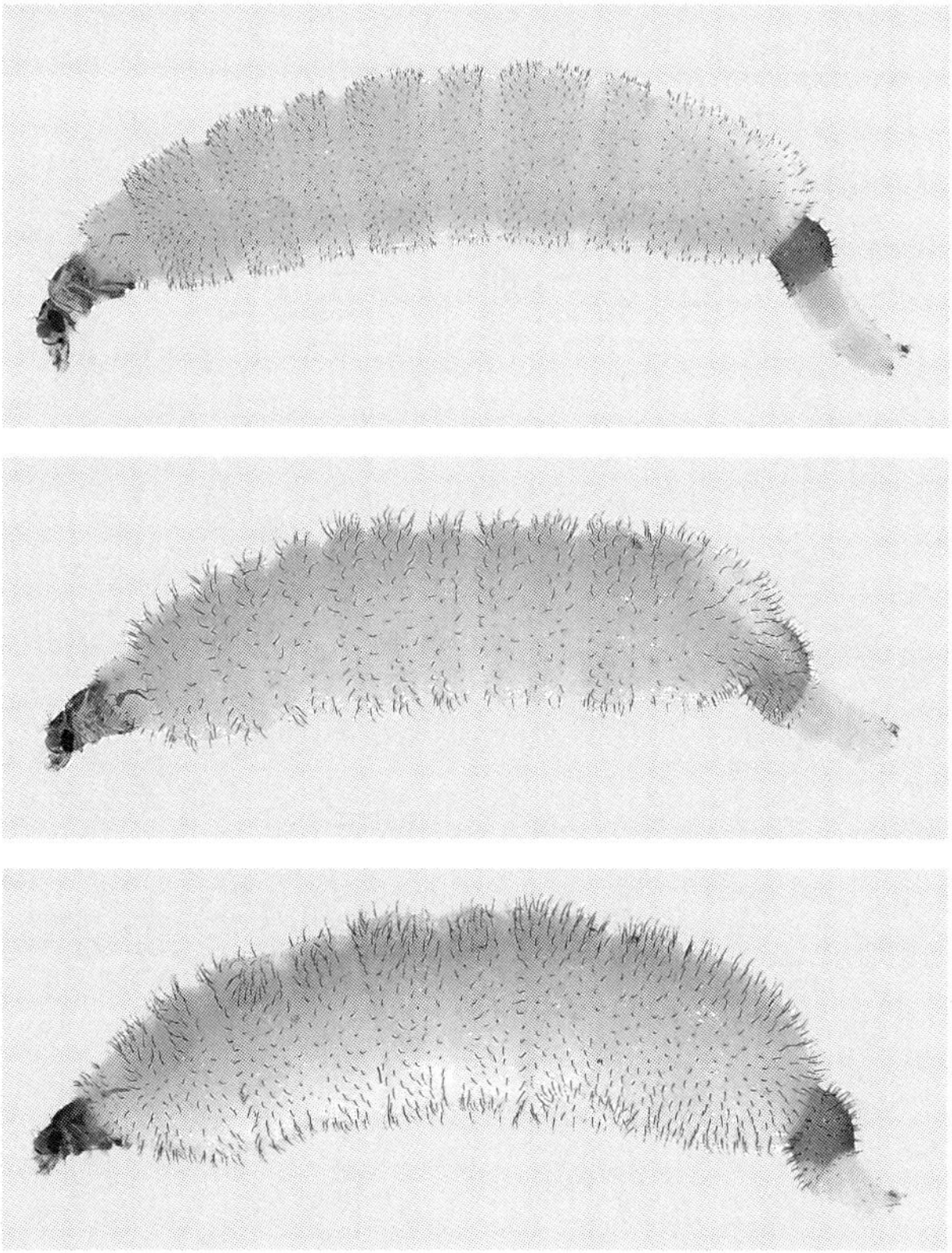

図2-13 *Vestigipoda* 属のハエの3種（Maruyama *et al*., 2008より）の雌成虫. 上から, *V. breviseta* Maruyama & Disney, 2008, *V. intermedia* Maruyama & Disney, 2008, *V. longiseta* Maruyama & Disney, 2008（著者撮影）.

脚も翅もない雌がどのように移動するのかは興味深い課題であるが、おそらく交尾中に雌雄がつながった状態で、雄が飛び立ち、別の巣に移動するものと思われる。

また、形態で見る限り、ヒメサスライアリの系統関係とノミバエの系統関係はあまり一致していないようだ。おそらく、きわめて低い確率で、誤って別種のヒメサスライアリの巣に侵入してしまったものが、運よくその巣に受け入れられ、そのヒメサスライアリに適応し特殊化していったのだろう。これはほかのヒメサスライアリと共生する昆虫の多くに適用できそうな仮説である。

もりだくさんの成果

好蟻性昆虫の採集の際に、行動の観察と同時に、体表炭化水素分析用の標本を採集した。大部分のアリは視覚が不自由で、主に体表炭化水素という一種の匂いによって仲間を識別している。好蟻性昆虫の多くは、この仕組みを利用し、アリの巣に入りこんでいるとされている。これを化学擬態（chemical mimicry）という。秋野さんに体表炭化水素の分析を依頼し、行動の記述とともに発表した（Maruyama *et al.*, 2008）。

ヒメサスライアリ3種の巣から、ハネカクシ、ハエ、シミが採集された。ハネカクシはほとんどがアリの成虫と共通する体表炭化水素をもっていたが、一部、アリに運ばれて移動するハ

図2-14 ツヤヒメサスライアリ *Aenictus laeviceps* の女王（島田拓撮影）.

ネカクシは、アリの幼虫（同じくアリに運ばれる）にそれを真似ていた。好蟻性昆虫の行動はさまざまであるが、その体表炭化水素の組成はそれをほぼ反映しているのではないかと推察された。

ただし、正確な化学分析には、多数の個体を用いた化学物質の質量分析と同定が必要であり、この研究はその点で予備的かつ不完全である。今後、多数の個体が得られれば、追試をおこないたい研究の一つである。中途半端な結果で公表する意義は問われるところであるが、得がたい生物を用いた研究では、暫定的であれ、いつまでも追加の標本を待つより、できるだけ早く発表するほうが意義深いと思われる。

このときの成果はまだまだある。多くの種のヒメサスライアリの女王が採集できたことである［図2-14］。近代的なヒメサスライアリの分類は働きアリの形態のみを研究材料として進められてきたが、いくつかの種ではそれでは十分な分類形質を得られない。つまり、働きアリだけでは分類が非常にむずかしいのである。しかし、知られている限り、女王は種間で大きく形態が異なる（Wilson, 1964）。ヒメサスライアリは一頭の女王が数万もの働きアリをひきつれており、その姿は滅多に見ることができないとされている。おそらく採集された標本は世界で十指に満たないだろう。ところが、ハネカクシを採るために巣の引っ越しの初めから終わりまで観察していると、かなりの割合で女王を採集することができる。いまや私のヒメサスライアリの女王の保持数は世界のどんな博物館もおよばない。今後これらの標本がヒメサスライアリの分類に寄与することは疑いない。

　また、同じくヒメサスライアリに関連することとして、このときには宿舎の電灯に集まった雄アリもたくさん採集することができた［図2-15］。ヒメサスライアリの分類には「２つの分類体系」という重大な問題が控えている。多くの種が働きアリで記載されているが、いっぽうでまた多くの種が雄アリだけで記載されており、働きアリと雄の対応関係がわかっているのはわずか数種のみである。つまり1種につき2つの名前がついている可能性がある。私はＤＮＡを調べて働きアリと雄の対応をつけ、この問題を解決する糸口を模索し、いまのところ順調な結果を得ている。２０１１年の春には、スイスのジュネーヴ自然史博物館を訪れ、雄アリの標本をもとに多くの種を記載したオーギュスト＝フォレル（Auguste Forel）の模式標本を検討し、この問題解決への大きな進展があった（Maruyama, in prep.）。

図2-15 ヒメサスライアリ属 *Aenictus* のさまざまな雄アリ（著者撮影）.

1か月間、集中してヒメサスライアリを探し、その共生ハネカクシを狙う。単純だが誰もやっていなかったことは、多くの成果に結びついた。しかし、ヒメサスライアリと共生するハネカクシでも、まだ採集できていない重要な属が2つ残されており、ウル＝ゴンバッでの調査はその後も続くことになった。

コラム●痛い虫、いやな虫

ヒメサスライアリの巣の調査でいちばん過酷なのは、怒ったアリに刺されることである。小さなアリにもかかわらず、自分より大きなアリを倒す毒針は強烈で、ヒトにもかなりよく効く。状況によっては何百か所も刺されざるをえないが、そうなるとさすがにジワリと涙が出てくる。アレルギー体質の人であればきっと重症になるだろう。

また、長時間座って行列を眺めていると、ズボンの裾からヤマビルやマダニが這い上がってきて、それらにやられるのは日常茶飯事である。ヤマビルは血を吸うだけで、人によっては化膿することもあるが、まだ可愛いものである。困るのはマダニで、深刻な病気を媒介するものが少なくない。しかも、いつもやられるマダニは本来イノシシに付くものであるが、2ミリメートル程度の若虫であっても、刺されると強烈に痛い。痛覚を敏感にする作用のある毒を出すようで、その部分に触るだけで稲妻に打たれたような衝撃がある。とくに陰部に取り付かれたときには、触れるのも怖いし、はずすときにいたっては涙がポタポタと落ちてしまう。クワガタムシに寄生するダニにクワガタナカセというものがいるが、私はこのマダニを「オトコナカセ」と呼んでいる。マダニが媒介する病気のことを考えると、本来はもっと気をつけなければならない。

夜の森を歩いていると、ハシリハリアリ属の行軍に出会うことがある。このアリは大型で、しかも攻撃的である。誤って行列を踏んでしまうと、あっという間にズボンに這い上がり、思わず声をあげるほどの毒針をあちこちに刺してくる。一刺しがミツバチを超える痛さで、うめき声をあげながら、すがりつくアリを慌てて落とす様子は、遠目には踊っているかのように見えるかもしれない。

そのほか、オオキノコシロアリ属 *Macrotermes* のシロアリは大型で、誤って触れると噛みつかれ、剃刀で切られたように指先が切れてしまう。灯火にはオオミツバチ *Apis dorsata*（Fabricius, 1793）やヤミスズメバチ属 *Provespa* のハチが集まり、こ

図2-16 痛い虫いろいろ．マダニの一種（上左／著者撮影），オオキノコシロアリの一種（上右／島田拓撮影），オオミツバチ（下左／小松貴撮影），ヤミスズメバチ属の一種（下右／著者撮影）．

れらに刺される機会も多い。後者は刺されるとかなり痛く、何度もやられると気が滅入るほどである［図2－16］。

毒ヘビも少なくないが、日本に比べてずっと見る機会は少ない。ただしコブラやアマガサヘビ類のように、嚙まれたら人生が終わってしまうものもおり、注意するに越したことはない。とくに樹上性のハブ［図2－17］は毒性こそ弱いが、首を嚙まれると危険なので、藪をくぐるときには気をつけている。

図2-17 樹上にいるヨロイハブ（著者撮影）.

サソリやクモは大したものではなく、多くはむやみに恐れるほどの毒ではない。私の苦手な毒のある毛虫も、おそらく木の高いところにいるのだろう、これまでほとんど目にしたことはない。

いちばん怖いのは蚊かもしれない。いまでは多くの場所で根絶されているが、東南アジアの熱帯地方ではまだまだマラリアが残っている。マラリアにはいくつかの種類があり、なかでも熱帯熱マラリアは適切な治療を受けなければ命の危険をともなう。また、デング熱は普通であり、小松君も発病し、死線をさまよった。もっともこれは軽い症状のことが多く、その場合、現地では風邪程度にしか扱われない。いずれにしても蚊は思わぬ病気を媒介するので、現地の感染症の情報に注意し、できるだけ刺されないのが賢明である。

　虫ではないが、熱帯地方では棘のある植物もやっかいである。出会う頻度からすると、毒のある虫よりも気をつけなければならない。毒のある棘をもつ植物もあり、うっかり触れてしまうと、ハチに刺されたような痛みをともなうことがある。また、トウ（ラタン）というヤシの仲間は、葉の先端から糸鋸《いとのこ》のような蔓を伸ばし、薄暗い森を歩いているとそれがよく引っかかる。調子よく歩いていると、気づかずに服に引っかかり、思わぬ足止めを食うことがあるが、たくさん虫が採れたときには、「置行堀（おいてけぼり）」の話を思い出し、「採った虫を置いて行け」と森に引き留められているように思ってしまう。

　このように熱帯雨林は痛いものであふれているが、そんな痛みなどすぐに忘れてしまうほど楽しみのほうが大きいことは言うまでもない。

軍隊アリ化現象

ヨコヅナアリのハネカクシ

アリ科のなかで、南米に生息するグンタイアリ亜科 Ecitoninae、アフリカとアジアに生息するサスライアリ亜科 Dorylinae とヒメサスライアリ亜科 Aenictinae の３つの亜科は、系統的にまとまった一群で、総称として軍隊アリ（「軍隊」が漢字であることに注意）と呼ばれている[*8]。これらのアリの特徴は、ヒメサスライアリのところで述べたように放浪性で決まった巣をもたず、行列をなしてほかの生物を襲うところにある。また数万とか数百万といった多数の働きアリを擁《よう》するものが多い。ところが、同じような生活様式が系統を超えた遠縁のアリにもみられることがあり、これを「軍隊アリ化現象（army ant syndrome）」という（Brady, 2003）。

ヨコヅナアリ属 *Pheidologeton*（コツノアリ属 *Carebara* に含められることもある）の仲間はフ

＊8―現在では、かつて独立の亜科とされていたほかのいくつかの亜科とともに、これら3亜科は、サスライアリ亜科にまとめられている（Brady *et al.*, 2014）。いまでも総称としては、とくにこの3亜科に含まれるアリが、（狭義の）軍隊アリと呼ばれている。

図2-18 ジュウタンハシリハリアリ *Leptogenys distinguenda*．働きアリ（左上）と女王アリ（右下）（島田拓撮影）．

タフシアリ亜科 Myrmicinae に属し、軍隊アリ化現象の有名な例の一つである。同亜科のほかの大部分の種は通常安定した巣をもつが、この属の種は頻繁に引っ越しをおこない、行列を作って狩りをする。また、とにかく巨大な巣を作り、アジアのアリのなかでは1巣あたりの働きアリ数がもっとも多いのではないかと私は考えている。これまでに引っ越しを観察した経験では、引っ越しを見つけてから終了を観察するまで、丸々３日かかった。おそらく１００万頭かそれ以上の規模の巣だろう。

　軍隊アリ化現象のもっとも顕著な例は東南アジアのハリアリ亜科ハシリハリアリ属 *Leptogenys* の仲間である。ハリアリ亜科では一般に働きアリの個体数が少なく、少ないときには数頭から十数頭、多くても数百頭が普通である。ところが、いくつかのハシリハリアリだけは別格で、とくにジュウタンハシリハリアリ *L. distinguenda* (Emery, 1887) という種［図2-18］では、数万という働きアリから構成される社会を作る（Maschwitz *et al.*, 1989「*L. mutabilis*（F. Smith, 1861）の類似種」と同定しているが、ジュウタンハシリハリアリのことである）。この種は東南アジアに生息し、小型の脊椎動物からカニ、大型昆虫まで、なんでも捕食する。まるでそれはアフリカの地上性のサスライアリ属 *Dorylus* や南米のグンタイアリ属 *Eciton* のようである。東南アジアにはこれらの大型の軍隊アリが生息していないので、ハシリハリアリはそれに代わる生態的地位（ecological niche その生物が利用する範囲の環境要因、つまり生息場所や餌資源など）を占めているものと思われる。

また、これら軍隊アリ化したアリの仲間には、総じて共生する昆虫が多く、これらヨコヅナアリ属やハシリハリアリ属のアリからも例外なく多くの好蟻性ハネカクシが記録されている。

2006年のブキッ＝フレーザーでは、モトサスライアリ *Dorylus laevigatus* がいないかと、ヤシ油を仕掛けてみたのだが、夜になるとそこにはヨコヅナアリの一種 *Pheidologeton silenus*（F. Smith, 1858）がたくさん集まっていた。ヨコヅナアリを見つけたときから期待していたのだが、うれしいことにさまざまなハネカクシが見つかった。とくに面白いのは *Pheigetoxenus* 属の仲間[図2-19]で、アリによく似た姿をしており、1つの行列に少なくとも6種が一緒にみられた。

アリに似るというのも、軍隊アリにみられるハネカクシの特徴の一つで、それらの多くはアリと密接な関わりをもっている。*Pheigetoxenus* 属の仲間はアリからの攻撃は受けずに、アリを

図2-19 *Pheigetoxenus* 属の一種（上）とアリを襲う様子（下，矢印）（島田拓撮影）．

上手に捕食する。同じ行列にはニセセミゾハネカクシ属 *Drusilla* の仲間もみられ、これらもアリを捕食するが、*Pheidoloxenus* 属の仲間より離れたところからアリを狙って捕食するものが多い。*Pheidoloxenus* 属の種がアリに似ているのは、アリに気づかれずに行列に紛れこみ、うまくアリに近寄るためなのかもしれない。これをワズマン型擬態というが、詳しくは後述する。

ハシリハリアリのハネカクシ

２００９年ごろから、ヴィッテさんの教え子のクリストフ＝ヴォン＝ベーレン（Christoph von Beeren）さんとウル＝ゴンバッで出会うようになった。彼は軍隊アリ的行動をとるハリアリの一群、ハシリハリアリ属 *Leptogenys* のなかで、とくにボルネオハシリハリアリ *L. borneensis* Wheeler, 1919 とジュウタンハシリハリアリの共生昆虫に関する生態を研究していた。そして、話し合っているうちに私がそのハネカクシの分類を受けもつことになった。

ハシリハリアリの共生昆虫もなかなか面白い。とくにハネカクシは、キストナーさんが出された先行研究（Kistner, 1989）と、私のこれまでの経験により、ヒメサスライアリ同様、1種のハネカクシは1種のアリと対応し、しかもマレーシアでは、各種のハシリハリアリに対して、ハネカクシは属を異にしていた。

ところが、一緒に研究することになったものの、一足先に主な材料をキストナーさんに送ってしまったという。もともとマシュヴィッツさんはキストナーさんとのつながりが強く、それは当然のことといえた。ひとまずキストナーさんが何らかの結果を出すまで様子をみようということになった。

それから間もなくして論文は出版された（Kistner *et al.*, 2008）。しかし、キストナーさんが出した論文は、自身が過去に記載した種であるにもかかわらず、残念ながら同定に誤りが多かった。それらのハネカクシはアリノスハネカクシ族 Lomechusini に含まれる非常にむずかしい分類群であり、見誤ってしまうのも仕方がなかったかもしれない。そこで私は、ボルネオハシリハリアリ、ジュウタンハシリハリアリと共生するそれぞれのハネカクシをまとめて、分類学的な整理をおこなった（Maruyama *et al.*, 2010a, b）。その結果、この2種のアリで、合計5属5種のハネカクシが関係しており、そのうち3属3種は新属新種だった。ボルネオハシリハリアリからはこれまでにハネカクシの記録はなく、２種得られたハネカクシの双方が新属だった。

また、ジュウタンハシリハリアリから得られた1新属新種には、*Witteia dentilabrum* Maruyama & von Beeren, 2010 と名付けた［図2-20］。属名はヴィッテさんにちなむ。ジュウタンハシリハリアリと共生する別の種は、１９８９年のキストナーさんの研究で、採集者のマシュヴィッツさんにちなんで、*Maschwitzia ulrichi* Kistner, 1989 と名付けられている。ヴィッテさんによると、私の論文を見たマシュヴィッツさんは、「研究者が変わり、分類学者も変わった。

時代は変わった」としみじみ話していたそうだ。

私の研究と同時進行で、ヴォン＝ベーレンさんはハネカクシ各種のアリとの接触や食餌といった行動を仔細に観察し、その成果も同じ年に論文として出版された（von Beeren *et al.*, 2010）。ハネカクシは種によってかなり行動が異なり、とくにボルネオハシリハリアリと共生するハネカクシは寄主との関係がきわめて濃密であることがわかった。ハシリハリアリと共生するハネカクシは、形態に共通する点が多く、私はまちがいなく単系統群だと思っているが、この仲間のもつ原始的な形態と、ハシリハリアリの起源の古さ（Moreau *et al.*, 2006など）から推測すると、これらはアリノスハネカクシ族のなかで古い時代に進化したものだと推測している。今回見つかった種間の行動の大きな違いは、ハネカクシの分化した時代の古さにも関係しているのかもしれない。

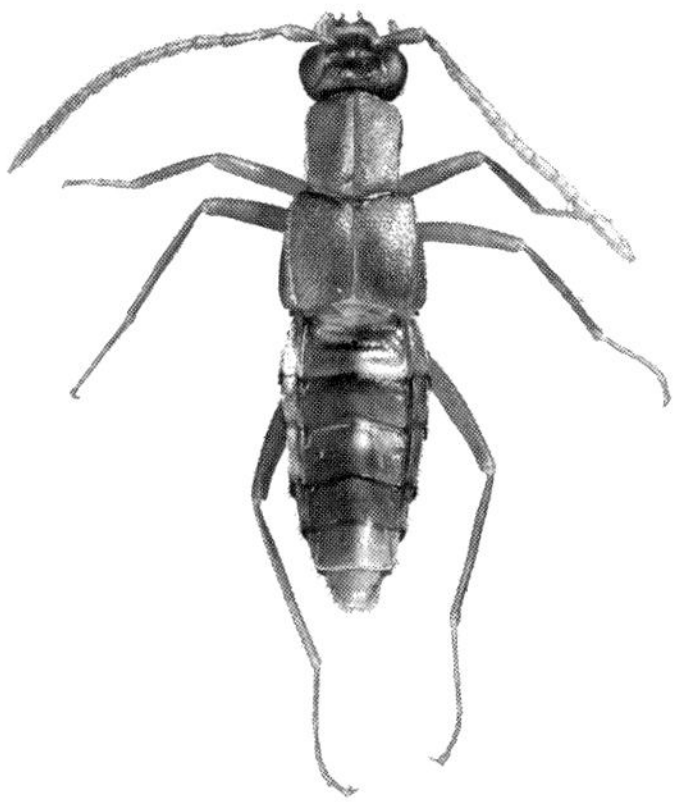

図2-20 ジュウタンハシリハリアリ *Leptogenys distinguenda* から得られた新属新種のハネカクシ *Witteia dentilabrum*（著者撮影）.

コラム●ワズマン型擬態

外見から見た昆虫の擬態というと、木の葉や小石などに似せる「隠蔽擬態（camoflauge）」、毒のある生き物に似せる「ベイツ型擬態（Batesian mimicry）」、毒のある複数種の生き物同士で姿を似せて、集団で毒のあることを示す「ミューラー型擬態（Müllerian mimicry）」などが有名である（後2者に関する区分の必要性やその定義の確実さについては議論の分かれるところで、さらに細分する考えもある）。しかし、「ワズマン型擬態（Wasmannian mimicry）」については一般に知られることは少ないようだ。これまで紹介したハネカクシのなかで、*Mimaenictus* 属や *Aenictoteras* 属、*Rosciszewskia* 属、*Malaybergius* 属の種はいずれもアリに似た姿（myrmecoid）をしている。また、*Vestigipoda* 属のノミバエはアリの幼虫と同じような姿をしている。このような姿でアリの巣に溶けこみ、アリを欺くことを好蟻性昆虫の大学者ワズマンにちなんでワズマン型擬態という。アリやその幼虫に姿を似せているときだけでなく、好白蟻性昆虫がシロアリに姿を似せているときにも、ワズマン型擬態の可能性を考えてよい。

人によっては、アリの巣にいるものがアリに姿を似せるのは、アリのなかに紛れこむことによって、アリを嫌う外敵からの捕食を免れるためであり、ワズマン型擬態などという概念をわざわざもち出す必要もなく、ベイツ型擬態でよいのではないかという。しかしそれは明らかな誤りである。

たしかに、アリに姿を似せることによって、そのような効果を得ている好蟻性昆虫はいるだろう。たとえば、南米のグンタイアリ属と共生するハネカクシは、色や質感を含め、アリにそっくりな姿をしている。このハネカクシはグンタイアリの狩りにも同行し、その先でグンタイアリの捕らえた餌を盗み食いする。ところが、グンタイアリの捕食行列には「アリ鳥」といわれるグンタイアリの行列から驚いて逃げる昆虫を横取りして食べる複数種の鳥がおり、おそらくアリと違った姿の虫がグンタイアリの行列に混じっていると、それらの鳥に捕食される可能性がある。それを避けるためにもアリに姿を似せているのではないかと私は考えている。つまりアリに似た姿は、アリの社会に溶けこむと同時に、ベイツ型擬態の用も果たしているのである。

いっぽう、本書で紹介するヒメサスライアリと共生するハネカクシは、日中の明るいところに出てくる機会はほとんどなく、しかも巧みにアリの行動を真似て、アリに運んでもらうなどアリ社会にきわめて高度に融和している。これらのハネカクシを見ていると、ベイツ型擬態の要素はなく、ワズマン型擬態という区分が可能であることに納得せざるをえない。つまりハネカクシは、好蟻性昆虫全般にみられる化学擬態に加え、アリになりきるための手段としてアリの姿をしているのである。アリは怪我をして脚の数が減ってしまったときには、ハネカクシと同じように平滑な場所を登ることができず、健康なアリに運んでもらう。ハネカクシがアリに運んでもらう際、アリに運搬を頼む様子は、怪我をしたアリのそれとそっくりである。きっと体の構造の類似は、運搬依頼の受け入れられやすさに強く関連しているのだろう。

　仮巣のなかなど、われわれの知らないところでは、アリに似た体型を活かして、さらに別の行動をとっている可能性もある。しかし、ヒメサスライアリの飼育は規模や餌の確保の点できわめて困難で、しかも働きアリだけを生かしておくことはできない（働きアリだけにすると、すぐに規律が乱れ、巣としての統制がとれなくなる）。いつかヒメサスライアリとハネカクシを一緒に飼育できれば、変わった形態の謎により近づけるかもしれない。

ランビル国立公園のハネカクシ

私の研究は私個人の努力だけで成り立っているのではない。人々との出会いとその人たちからの多くの協力があればこそである。そのなかで、分類学的な研究を進めるうえでもっともうれしい協力は、標本の提供や標本の入手に関する便宜である。

２００５年、ボルネオのサラワク州にあるランビル国立公園で、京都大学で博士研究員をされていた松本崇さんがヒメサスライアリの生態を調査されるとの話しを小耳に挟んだ。私は早速、松本さんと連絡をとり、ヒメサスライアリの引っ越しからハネカクシも採集してほしいとお願いし、快諾をいただくことができた。松本さんとはそれまで面識がなく、図々しいとは思ったが、ヒメサスライアリと聞いて我慢ができなかったのである。その際には、採集法をお伝えし、差し出がましくも採集道具をお送りした。

それからしばらくして、なんと巣ごとに分けて採集された３００頭以上のハネカクシの液浸《えきしん》標本が松本さんから送られてきた。２００５年当時、私もまだほとんど採集できていない仲間のものであり、あまりのすばらしい成果に思わず絶句した。松本さんはたいへんな体力のもち主で、のべ数か月にわたる滞在中、昼夜を問わずヒメサスライアリを追って森を歩いていたそうだ。

これまで少なからぬ日本のアリ研究者が東南アジアを訪れて、ヒメサスライアリを含むアリを採集してきたが、マシュヴィッツさんたちのように共生者を注意深く採集してきた人はあまりいなかった。見つけたものはなんでも採集するという自然史に根付いたヨーロッパ的な風土とは異なるのかもしれない。その点で、松本さんの成果は、日本人による初めての徹底した調査であり、しかも質も量もこれまでの調査をはるかに上まわり、きわめて画期的といえた。

寄主アリは一瞥してツヤヒメサスライアリ1種に思えた。しかし、ざっと標本を眺めたところ、どうもハネカクシは6属8種おり、1種のヒメサスライアリから採れたものとしては多すぎる。これまでの文献の記録から、1種のヒメサスライアリからは通常2、3種、多くて4種のハネカクシが見つかっているのみだったからである。私はそのハネカクシを標本にして、得られた巣ごとに並べてみた。その結果、ハネカクシの種構成が3つに類型できた。一部では種が重なっているが、一部ではまったく別のものが共生している。そして、その類型ごとにアリのほうを見ると、微妙に形態が異なっていたのである。微妙とはいえ1つのアリはよく見ると比較的はっきりした違いがあった。しかし、残りの2つのアリはわずかに毛の数に違いがみられたのみだった。ハネカクシはこのような微妙な違いのアリを正確に見分け、それら寄主アリに対して特化していたのである（Maruyama *et al.*, 2011）。またこの結果により、寄主アリも3

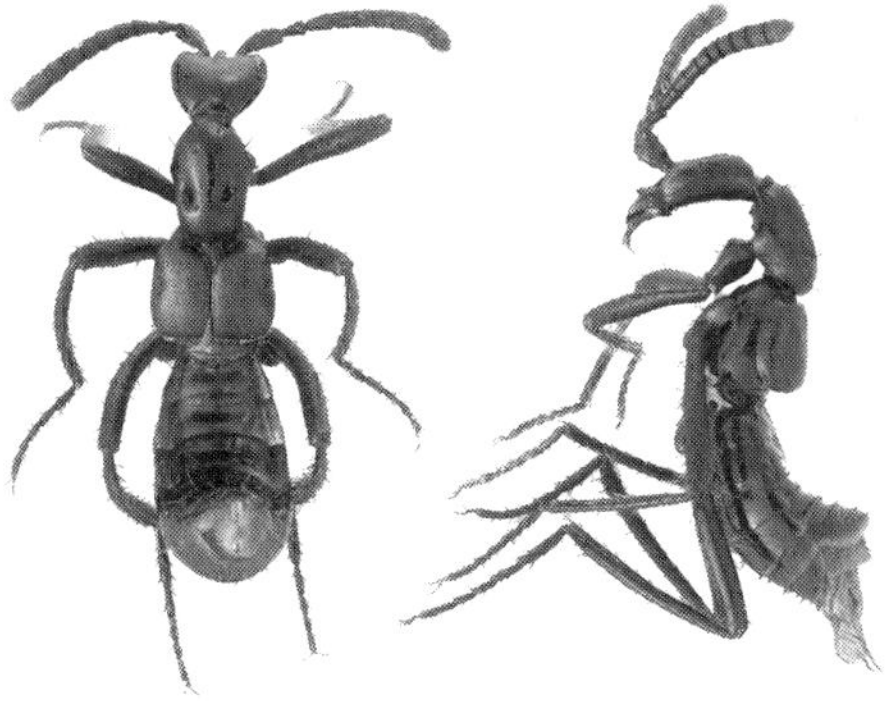

図2-21 ツヤヒメサスライアリ *Aenictus laeviceps* と共生する新属新種のハネカクシ *Myrmecosticta exceptionalis*（著者撮影）.

種に分けられる可能性が高いこともわかった。つまりハネカクシの種構成の違いがアリの分類の手掛かりともなったのである。最初にアリの多様性と好蟻性昆虫の多様性の関係について述べたが、この結果はその可能性を支持する一例となった。

このときの6属8種には、1新属6新種を含んでいた。新属新種の *Myrmecosticta exceptionalis* Maruyama, 2011［図2-21］は驚くべきもので、所属するヒゲブトハネカクシ族 Aleocharini は普通の姿の種ばかりからなるが、そのなかにあって世界で初めて発見されたアリ型の種だった。ヒメサスライアリと共生するヒゲブトハネカクシ族のハネカクシには、ほかに2属2種が知られているが、どちらもそれほど特化した姿をしておらず、一見、自由生活種のような雰囲気である。しかしこの種は、系統的に重要な形質の観察から、その2属2種にきわめて近縁で、共通の祖先から進化したと考えられた。したがってこの種はそのなかで独立してアリ型、つまりきわめて異質な形態へと進化したのである。この進化の背景には、アリとの特別な関係の獲得があると考えられる。普通の姿をした2属2種との行動や生活史の比較により、その進化の実態がわかるかもしれない。

また、その後の調査により、ボルネオで見つかった3型の寄主アリはマレー半島のウル＝ゴンバッでも見つかった。だが、ウル＝ゴンバッでは *Myrmecosticta* 属の種は当該のアリから見つかっていない。ほかのハネカクシの属では、同属の別種がウル＝ゴンバッとランビルで同じ型のアリと共生することがわかっている。この種はボルネオで独立に進化したものなのだろうか。それともスマトラやフィリピンなど別の地域でも見つかるのだろうか。進化した時代を含め、その点も興味深い課題である。

サラワク州を含むボルネオでは好蟻性昆虫の調査が遅れており、まさに未踏の地といってよい。２００８年に兵庫県立人と自然の博物館の橋本佳明《よしあき》さんの調査に同行させていただき、初めてランビル国立公園を訪れることができた。その際はごく短期間の調査だったにもかかわらず、松本さんの調査で不足していた種を追加で得たと同時に、トゲヒメサスライアリからハネカクシを2種採集することができ、これらももちろん未記載種だった。今後ここで他種のヒメサスライアリの調査をおこなえば、新しいものが見つかることはまちがいなく、将来の楽しみとしている。

コラム●よいこの標本作製

小さな虫を扱っていると、標本はどうやって作るのかという質問をよく受ける。クワガタムシやチョウなどのように大きな虫は針で刺して保存することができるが、小さな虫は針に刺すことがむずかしい。そこで、三角形の小さな紙（台紙）を針に刺し、その先に乾燥させた虫を糊で貼り付ける［図2－22］。また、ヨーロッパ人の多くは、四角い台紙に体全体を貼り付ける方法をとる。そして標本の下に、どこで、いつ、だれが、どんな状況で採集し

図2-22 三角台紙を使用したアリヅカムシの標本. 在野研究者の木野村恭一さんの作ったものであるが, これほど良い標本を作る人は職業研究者でも滅多にいない.

たのかを記した、小さなラベルを刺す。

分類学は古くからの研究の積み重ねによって成り立っている。それはほかの研究でも同様であるが、ほかの学問と違う点は、その当時使われた材料、つまり標本がずっと引き継がれていくことである。常に古い標本が引っ張り出され、他種との比較等に利用され、新しい研究成果へとつながっていく。自然科学において、分類学ほど歴史をそのまま背負う学問はほかにあるまい。この点において、標本の重要性を説明する必要もないだろう。

したがって、標本を作る際には、次の点に注意する必要がある。まず、半永久的に保存可能な状態にあること。しっかりと標本の情報がつけられていること。そして誰もが扱いやすい標本を作ることである。

日本には昆虫収集家こそ多いが、これらの点で及第点の付けられる標本を作る人は意外なほどに少ない。たとえば保存性の低いプラスチックに標本を貼り付けたり、簡単な採集情報しか書かれていないラベルがついていたり、ラベルがついていても、やたらと大きくて場所を食う標本だったりすることがある。

また、良い標本を作るには、採集のときから標本化することを念頭に置く必要がある。たとえば、殺虫管という瓶で虫を殺すのだが、そのときに使う薬の種類や管に入れておく時間など、採集ほどではないが、いくつかの心得が必要である。

私も良い条件を満たさない標本を過去に作っていた。修士課程の大学院生だったとき、国立科学博物館の野村さんにアリヅカムシの標本を送ったところ、私の標本の悪い点をいろいろ指摘してくださった。これはいま思い出してもありがたい教育的指導だった。

昆虫採集は多くの人にとって楽しい趣味でもあるので、あまり堅苦しいことをいうのは無粋かもしれない。しかし、少しでも後世に標本を残したいと思うのであれば、最低限、将来その標本を使う人のことを考えるべきだろう。

何もかもが未知だったタイ

カオ＝ヤイ国立公園での調査

２００７年の春にマレーシアである程度の成果を出すことができた私は、次に別の場所で同じような調査をやってみたいと思うようになった。ヒメサスライアリと共生するハネカクシは、マレーシアのほかにはフィリピンとタイで記録があった。フィリピンの種はほとんどマレーシアと属で共通しており、それほど重要ではない。しかし、タイの属はマレーシアとまったく共通していなかった。

その年、ちょうど野村さんがタイの国立公園局にいるワタナ＝サッチューウォン（Watana Sakchoowong）さんの博士論文を指導しており、その関係で普通は取得がむずかしいタイの国立公園での採集許可を得ていた。そこで２００７年の９月下旬から３週間、その許可に便乗し、私はタイ最古の国立公園で、いまでもトラがすむというカオ＝ヤイ（Khao Yai）国立公園で調査をおこなうことにした。

タイでは１９３１年に、アメリカの動物行動学者で、軍隊アリ研究者でもあるセオドル＝シュネイルラ（Theodore C. Schneirla　１９０２〜１９６８）がパク＝チョン（Pak Chong）というところで調査をしていた。カオ＝ヤイ国立公園の一角は、地名こそ変わってしまったが、まさにその場所だったのである。なおシュネイルラは、米軍の支援を受け、戦法の研究として軍隊アリを調べていた。このようないまでは考えられない背景のもと、世界各地で調査を遂行し、その一環でタイを訪れた。

そのときシュネイルラは、ビンガムヒメサスライアリ *Aenictus binghami* Forel, 1900 から、２属２種のハネカクシを採集した。その標本は、当時軍隊アリと共生するハネカクシを研究していたシカゴのチャールズ＝シーヴァーズ（Charles H. Seevers １９０７〜１９６５）により、新属新種の *Aenitophila thailandica*、さらにそれまでアフリカ固有の属だった *Aenictonia* の一種 *Aenictonia thailandica* として記載された（Seevers, 1965）。前者はキストナーさんが所属を詳しく検討したが、その結果は私にとって疑わしいもので、是非とも新鮮で十分な数の標本を得たいと思っていた。後者は、ヒメサスライアリと共生するアジアのハネカクシで、唯一アフリカと共通する属の種であり、アジアでヒメサスライアリと共生するハネカクシの繁栄と進化を考えるうえで重要な種だった。

ビンガムヒメサスライアリと共生するその他のハネカクシとして、２００３年のこと、鹿児島大学でオオズアリを研究していた江口克之さん（現都立大学准教授）から贈り物があった。それはベトナムでビンガムヒメサスライアリの引っ越しから採集されたという、顔（首）が長い点以外はアリそっくりで、実に優美な姿の新属新種のハネカクシだった。標本が1頭しかなく、発表すべきか悩んだが、私はこれを *Giraffaenictus eguchii* Maruyama, 2008 として記載した（Maruyama, 2008）〔図2‐23〕。似たものがこれまでにまったく知られておらず、系統学的位置を考察するのに苦労したが、詳細な形態観察の結果、*Aenictoteras* 属に重要な共通性を見出し、その属を含むヒメサスライアリヤドリ族 Aenictoteratini に置いた。しかし、より正確な系統関係を探るため、ＤＮＡ解析に使えるアルコールに漬けた標本が欲しかった。ベトナムとタイは

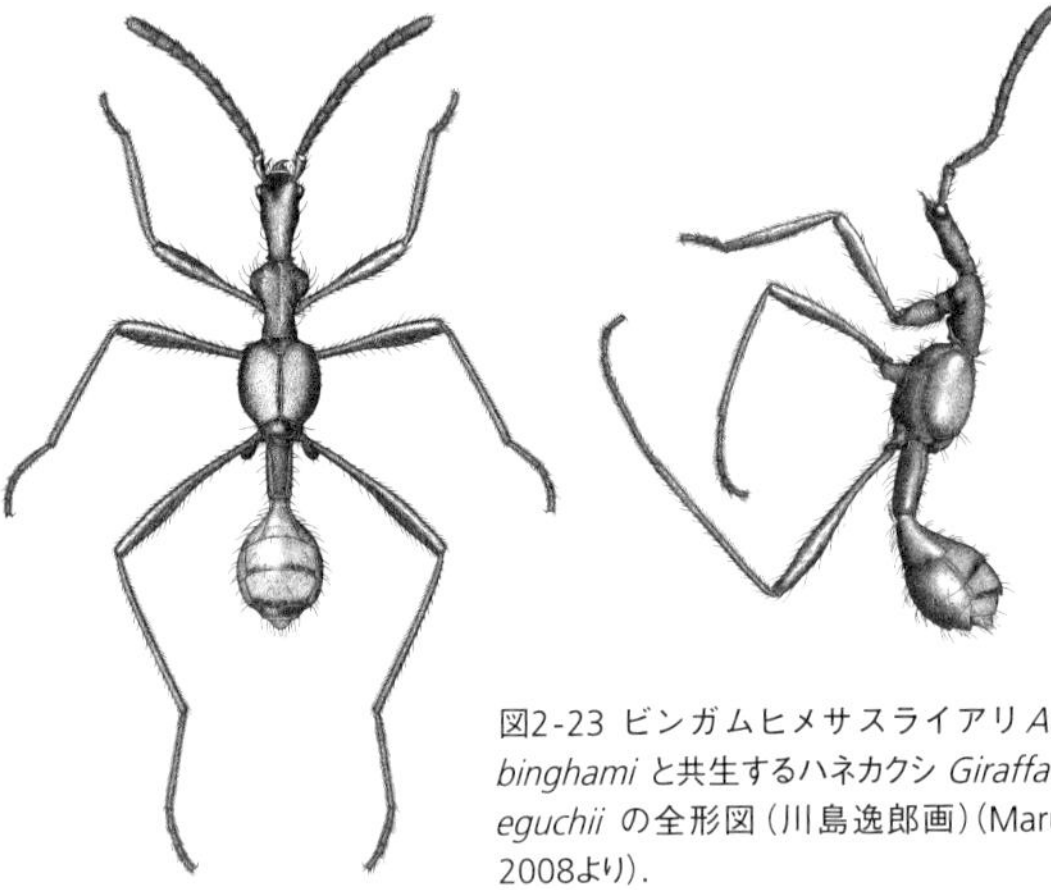

図2-23 ビンガムヒメサスライアリ *Aenictus binghami* と共生するハネカクシ *Giraffaenictus eguchii* の全形図（川島逸郎画）（Maruyama, 2008より）.

地理的に近く、動物相も似通っているので、ベトナムに行かずとも、この属もひょっとしたらタイにいるのではないかと思っていた。

また、タイでは多くのヒメサスライアリの記録があるが、ハネカクシでは先ほどの2種以外の記録はなかった。ほかのヒメサスライアリを見つければ、まちがいなくこれら以外のハネカクシも得られると確信していた。

カオ＝ヤイは動物観察の観光地としても有名であり、その分、適度に人手が入っており、森に入りやすかった。これも昆虫採集の不思議な点で、清流に魚はすまぬではないが、あまりに自然度が高く、森が鬱蒼としていると、虫はいるにはいるはずだが、非常に採りにくくなる。適度に拓けたところがあるほうがずっと虫が採りやすいし、とくに熱帯ではそうでないとほとんど成果は得られない。カオ＝ヤイに着くなり、これは良い成果があるのではないかと感じた。

　このときには、ワタナさんの案内のもと、いつもの小松君と、ブキッ＝フレーザーに同行した片山君と一緒に調査をおこなった。

図2-24 トラックの荷台に乗る私と小松君．つかの間の休息（片山雄史撮影）．

　季節はちょうど雨季の最中で、目につく虫の数は非常に多かった。タイは雨季と乾季がはっきりと分かれており、雨季前後を外すとほとんど虫が目につかなくなる。幸い、熱帯のアリは季節を問わず活動していることが多く、好蟻性昆虫にも同様の種が多いが、ほかの虫も多いほうがやはり楽しい。

　トラックの荷台に乗り、あちこちを移動しながらヒメサスライアリを探した。荷台からカオ＝ヤイ国立公園の壮大な風景を眺めていると、森を渡る風になったようで心地よい［図2－24］。

　3人の目があるので、一人で行くよりもずっと効率的にヒメサスライアリは見つかった。もちろん、小松君と片山君には別の目的があるのだが、私があまりにもヒメ

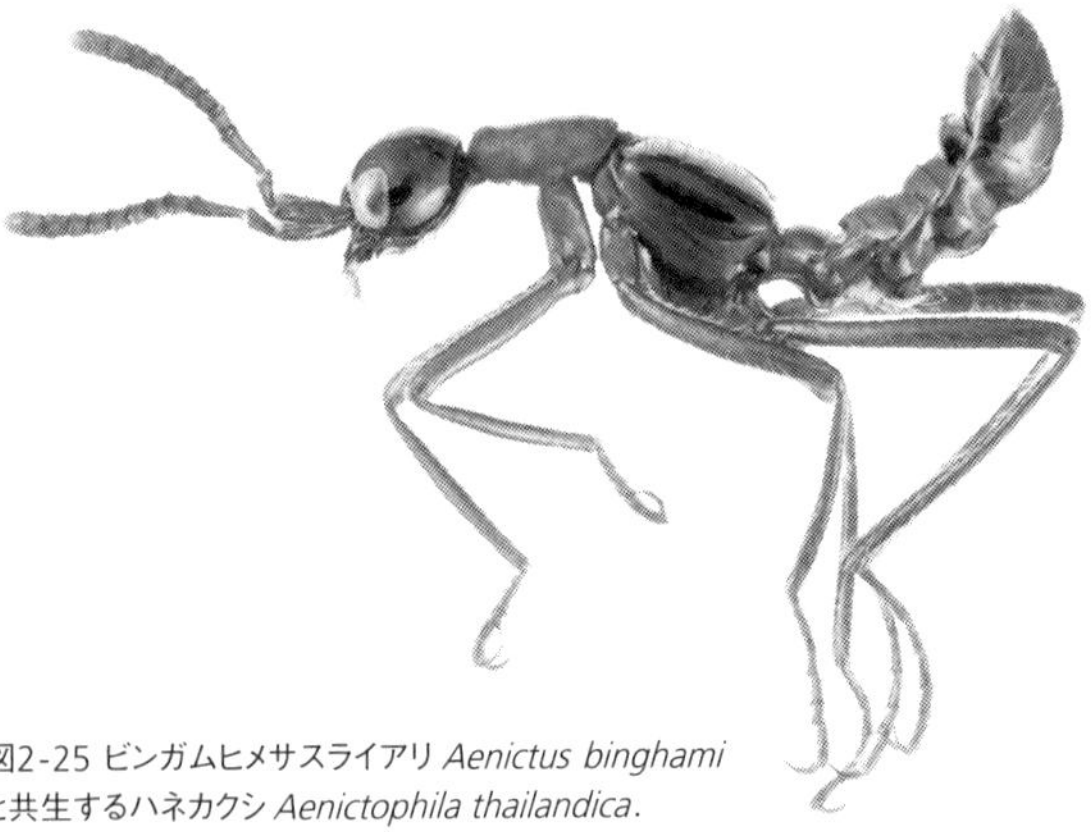

図2-25 ビンガムヒメサスライアリ *Aenictus binghami* と共生するハネカクシ *Aenictophila thailandica*.

サスライアリ、ヒメサスライアリと念仏のように繰り返すので、協力せざるを得なかったようだ。

　この調査も大成功だった。5種のヒメサスライアリから、*Aenictophila thailandica*［図2-25］をはじめ、見たことも想像したこともない姿の3新属3新種が採れ、ほかに10種近い新種も採れた。[*9] また、シュネイルラが調査したビンガムヒメサスライアリからも、まったく未知のものが採れたのである。まさに興奮の毎日だった。

　このときには、私たちがあまりにも朝から晩まで採集し続けるので、同行のワタナさんには「そんなに頑張って虫を採っている人は見たことがない」と半ば呆れられた。また、何度か巣をまるごと採集し、ほぼ全身何百か所もアリに刺され、3人とも調子を崩してしまったこともあった。

　3週間では調査しきれなかったところもあるが、これからのタイの調査の可能性を強く感じさせる結果となった。

ケン＝クラチャン国立公園での調査

カオ＝ヤイ国立公園での調査には、心残りがあった。それはビンガムヒメサスライアリを見つけたのに、*Aenictonia thailandica* が採れなかったことである。ベトナムで採集された *Giraffaenictus* 属のハネカクシも見つからなかった。

これらの課題に取り組むべく、２０１０年の10月にこんどはミャンマーとの国境に接したケン＝クラチャン（Kaeng Krachan）国立公園を訪れた。ここはバンコクから車で3時間程度と町に近いが、良好かつ広大な森林が残されており、これまでに訪れた東南アジアの森林では最高の環境だった。このときは野村さんと小松君が一緒である。

雨季の終了間際で時期が悪く、9月のカオ＝ヤイに比べて非常に虫の数が少なかった。しかし、目標の虫に対しては、とてもうれしい成果を上げることができた。10月25日のことである。それはとても長い夜だった。

＊9—本調査の成果の一部として、ヒメサスライアリの一種 *Aenictus hodgsoni* Forel, 1901 から採集された2新属3新種の発表（Maruyama et al., 2014b）は、本書の追記（P２７８）に紹介している。

その日、調査1週間目にして、ようやくビンガムヒメサスライアリを見つけた。竹藪をかき分け、仮巣の場所もなんとか特定した。18時ごろまで巣をつついたりして引っ越しを待つが、結局引っ越しははじまらず、夕食後に再訪することにした。ここまでで、宿泊所とこの場所を4往復。14キロメートルも歩いており、少々疲れはじめる。19時ごろに小松君と巣を再訪。小松君を先に帰して22時過ぎまで待つが、引っ越しはまだはじまらない。

森と山をおおう小《こ》糠雨《ぬかあめ》が月明かりを反射して、あたりは墨絵のような風景になっていた。道の向こうでサンバー（水鹿）がこちらを見ている。遠くでゾウが藪をこぐ音が聞こえた。

22時半ごろに宿泊所へ戻り、２時半に目覚まし時計をかけて仮眠することにする。

気になって、1時過ぎに目が覚める。疲れているが準備をして1時半に再び仮巣へ出かける。早速、巣の場所を確認すると、まさに引っ越しがはじまるところだった。早く目覚めてよかった。

アリの引っ越しに交じって、次々にハネカクシがやってくる。*Aenictophila thailandica* に始まり、課題だった *Aenictonia thailandica*［図2-26］もやってきた。そして２００８年に私が記載した *Giraffaenictus* 属の一種［図2-26］もやってきた。既知種はベトナム産なので、距離からしてまちがいなく未記載種だろう。ヒメサスライアリのハネカクシは移動の能力が低いようで、地域によって異なる種が分布している。さらに別の見知らぬハネカクシも採れた。

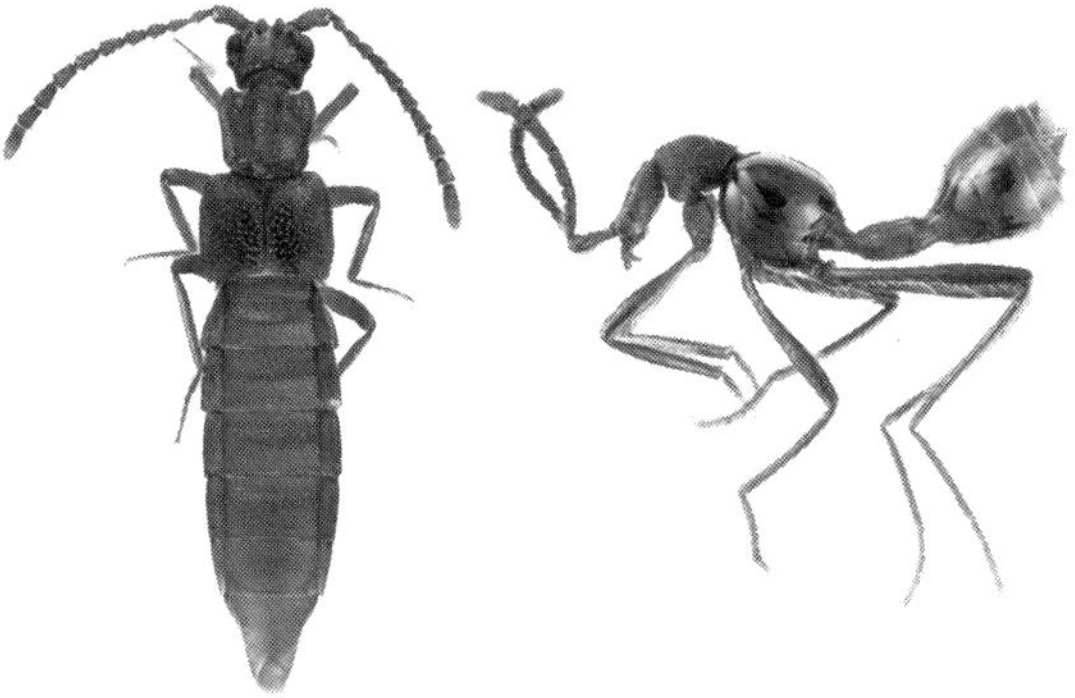

図2-26 ビンガムヒメサスライアリ *Aenictus binghami* と共生するハネカクシ *Aenictonia thailandica*（左）と *Giraffaenictus* 属の一種（右）（著者撮影）．

極めつきはビンガムヒメサスライアリの女王で、数分間隔で3頭もやってきた。通常、ヒメサスライアリの巣には1頭の女王しかいない。これは珍しい例である。ヒメサスライアリの女王は翅がなく、飛行によって分散できないので、巣分かれで巣が増える。おそらく巣分かれの直前だったのだろう。2頭採集して1頭を残しておいた。女王を採集してしまうと巣を壊滅させてしまうことになるのだが、標本としては貴重なものなので、いつも女王を採集してしまう。そのたびに心を痛めてきたので、勝手な言い草だが、その日は救われた思いがした。

4時ごろに宿泊所へ戻り、水を浴びて汗と虫除けを流してから、ハネカクシを仕分ける。*Giraffaenictus* 属のハネカクシは実にアリそっくりで、一緒に採集したアリから拾い出すのに手間取った。見れば見るほど見事な種である。そして見知らぬハネカクシは明らかに知られていない属のものだった。

20キロメートル以上も歩いた甲斐があった。心地よい疲れですぐに眠れるかと思ったが、収穫の喜びにうち震え、さらにハネカクシの雄姿が頭のなかを駆けめぐり、その晩はなかなか寝付くことができなかった。

翌朝、「ギャフンと言わせますよ」と言いつつ、野村さんに標本を見せたところ、本当に「ギャフン」と言ってくれた。野村さんの専門はアリヅカムシ亜科で、ヒゲブトハネカクシは専門外だが、野村さんが見ても魅力的な生き物だったのだろう。

また別の日には、少し標高の高い場所で、ケブカヒメサスライアリ *Aenictus gracilis* の引っ越しを昼間に見つけ、そこではマレー半島のものとは異なる *Aenictoteras* 属の未記載種を得ることができた。ここもこれまでに調査されたことのない種のヒメサスライアリの引っ越しを見つけることができれば、次々に新種や新属が見つかるだろう。

ただし、ミャンマーとの国境地帯は、マラリアの巣窟としても知られている。しかも、やや治療のむずかしい（日本で主に治療に使われるメフロキンに耐性のある）熱帯マラリアもある。この調査の数週間前にも、タイ人の植物の研究者がマラリアで亡くなったという。

この調査の帰国後、私は39度を超える高熱を発し、すぐにマラリアを疑って病院に向かった。血液検査の結果、マラリアは検出されず、デング熱かダニによって感染するリケッチア症とのことで胸をなでおろしたが、高熱が1週間続いたのはこれまでにない辛い経験だった。

コラム●ついでになんでも採って喜ぶ

私は熱帯で調査する際には、かならず1か所にある程度の期間滞在することにしている。それはヒメサスライアリを見つけるのには時間がかかり、転々と場所を変えるような調査ではまともな成果が得られないからである。

そして、調査の際には、いつも衝突板捕虫器（flight interception trap）を仕掛ける。地面に透明な板を立て、その下に受け皿を起き、飛んできて板にぶつかった虫が受け皿に落ちるという仕組みである。私はこの捕虫器にいくつかの工夫をこらし、豪雨が多く、落ち葉や鳥の糞などの不要な落下物の多い熱帯でも使えるものを作成した［図2－27］（丸山、2006）。

好蟻性昆虫は、羽化後に別の巣に移動する種が少なくないようで、この捕虫器は一部の好蟻性昆虫にはきわめて効果的に働く。ただし採れるものの大部分は潜在的な個

図2-27 林内に仕掛けた衝突板捕虫器.

体数の多いものであり、本当に少ないものはこの方法ではなかなか採れないため、アリの巣を探すほうが早い。また形態的には好蟻性とわかっても、この捕虫器でしか採集されない場合には、アリとの関わりといった生態的な情報がほとんど伴わない。もちろん、標本が得られるということに重点を置けば、好蟻性昆虫の調査には欠かせない手法の一つである。

　この捕虫器の魅力は、好蟻性昆虫が多くかかるというだけではない。これまでに珍種とされたほかの甲虫も多く採れるのである。たとえばアカマダラセンチコガネという生態の不明なコガネムシの仲間は、この捕虫器以外では滅多に採れない。

　とにかくいろいろ採れる。ときに一晩で受け皿の底が真っ黒になるくらいに甲虫が採れ、一見何も飛んでいないようにみえる森でも、見えないだけで、実は多くの虫が飛び交っていることに気づかされる。

　定期的に訪れているウル＝ゴンバッでは、この方法で、行くたびに数千頭から数万頭の甲虫を採集するが、毎回見たことのない新しい種が採れる。あまりの際限のなさに肝を冷やすくらいだが、設置さえしておけば寝ていても採れるこの安直な捕虫器の威力にはすっかり虜になっている。ただし、安直とはいっても、昆虫の好んで飛翔する場所はある程度決まっており、闇雲に設置しても成果は期待できない。このような採集器でも、本当に珍しい虫を採るにはそれなりの経験と勘が必要となる。確実なのは、とにかく多数の捕虫器を仕掛けることである。

また、いろいろな甲虫を採集するには、朽ち木やサルノコシカケの見まわりも欠かせない。どちらも夜間に虫が多く、電灯で照らしての宝探しとなる。朽ち木ではゴミムシダマシやゴミムシ、サルノコシカケではテントウダマシ（これは昼間にも見られる）やハネカクシが多い。

哺乳類の糞に集まるコガネムシ、いわゆる糞虫《ふんちゅう》の採集も楽しいものである。糞虫は、一般に肉食動物の糞と草食動物の糞で好みが分かれるが、面白いことにヒトの糞にはどちらの糞虫も集まる。これは大原さんに教わった方法だが、自分の糞を布にくるんだり古い靴下に入れたりして、それを地面すれすれに吊るし、その下に保存液（5パーセント酢酸溶液と洗剤）を入れた受け皿を置いておくと、集まったコガネムシがその受け皿に落ちる［図2－28］。本当は保存液を使わず、生きたまま採集したほうがきれい

図2-28 人糞捕虫器（左）と,それに集まり,受け皿に落ちたコガネムシ（右）.

な標本になるのだが、肉食性の強いコガネムシが入ると弱いコガネムシが食べられてしまうことが多いため、こうやって保存液に落として溺れさせる必要がある。

そのほか、シイなどの花を網ですくったり、新しい倒木を見まわったりして、カミキリムシやタマムシを採集したり、見晴らしの良いところで電灯を点けてクワガタムシやカブトムシを採ったりすることもあるが、私が好んで訪れるのは薄暗い湿った森で、そのような大型美麗な甲虫を採集するのには向かない場所ばかりである。

このように、専門の好蟻性昆虫の調査と同時に、私はとりあえず何でもかんでも採集することにしている。単純な楽しみという側面もあるが、こういった脇道にそれた採集は、専門の対象では気づかない発見につながることもあるし、季節の進行や環境の変化に気づくきっかけにもなる。

マレー半島の決着

話は前後するが、２００８年の1月に私は九州大学総合研究博物館に就職することができた。それから幸運にも研究費を得ることができ、またほかの教員の理解もあり、年に数回、それぞれ1、２週間程度の短期間ではあるが、数人の学生を引き連れて、ウル＝ゴンバッに通うことができるようになった。

２０１０年の5月のことである。島田拓さんという在野のアリ好きで、以前より好蟻性昆虫についてやりとりしていた方とウル＝ゴンバッに一緒に行くことになった。いまでは大切な友人であるが、このときに初めて対面し、滞在中に島田さんの採集技術の高さ、勘の鋭さを思い知らされることになった。

これまでのマレーシア通いで、ヒメサスライアリと共生するハネカクシのなかで、2属だけまだ採集できていない属があった。それはホッタヒメサスライアリ *Aenictus hottai* Terayama & Yamane, 1989 と共生する *Stenopleurus aenictophilus* Kistner, 1997 と、ヒメトゲヒメサスライアリ *Aenictus aratus* Forel, 1900 と共生する *Aenictocupidus jacobsonorum* Kistner, 1993 ［図2-29］である。どちらも1属1種で、当然最近の記録はない。これらのアリは半地下性で、見つかる頻度がそ

図2-29 ヒメトゲヒメサスライアリ *Aenictus aratus* と共生するハネカクシ *Aenictocupidus jacobsonorum*（著者撮影）.

もそも少なく、どちらも採集できずにいた。

　ところが、島田さんは、これらの2種をいともたやすく採集してしまったのである。これには狂喜し、深く感謝するとともに、正直言って参ってしまった。

　さらに島田さんは、ツヤヒメサスライアリの近似種で、これまでランビルからしか見つかっていないアリも見つけ、そこから新種のハネカクシを採集してしまった。私がのべ半年以上調査してできなかったことを、もちろん運もあるに違いないが、たった1週間の滞在でやってのけてしまったのである。

　島田さんの採集には学ぶところが多かった。とにかく懸命にアリを探す。私も懸命なつもりだったが、これまでの態度を反省すべきだと感じたほどである。昼間でも頭にヘッドライトをつけ、地面に這いつくばってアリを探すのである。この採集法に触発されて、私も常にヘッドライトをつけ、とにかくしつこいくらいに地面を観察して、ヒメサスライアリを探すことにした。大型で地表性のヒメサスライアリにはこれまでの方法で良かったが、小型で半地下性の種に対しては、島田さんの方法のほうが断然良かった。

ここまでで、既知種のほぼすべてに加え、新しい属や種の標本を集積することに成功し、マレーシアとタイでのヒメサスライアリのハネカクシの調査はほぼ完全なものとなった。もちろん今後の調査で新しいものが出る可能性はあるが、生息するヒメサスライアリの種構成を考えると、主要なものは出揃ったと言ってよいだろう。思えば２００３年にはじまり、年２、３回マレーシアに通い、８年近くもかかったことになる。ＤＮＡ研究に使用するすべての標本は冷凍庫に眠っているが、ようやく材料が揃い、日の目を見ることになる。これから私は全種のＤＮＡから系統関係を調査し、これらの進化の道筋を追う作業をはじめる。調査の動機として触れたように、これらはまちがいなく面白い材料であると私は確信している。

これまで出てきたハネカクシについて、いったいどんな生活をしているのかと思われている方も少なくないだろう。実はほとんどの部分で何もわかっておらず、十分に説明できないのが現状である。しかし、調査の過程でいくつか重要なことがみえてきた。今後はハネカクシの生活についても調査したいと考えている。

コラム●採集の神器

アリの巣から好蟻性昆虫を採集するのは、実に繊細な作業である。ヒメサスライアリのように珍しいアリとの出会いは一期一会で、一度の機会を逃さず、絶対に採集を成功させなくてはならない。これまで何度泣きをみただろうか。そのため、自然と扱う道具にもこだわりが出てくる。

私が第一に魂を注ぐのは吸虫管である。簡単に原理を説明すると、細いホースの途中に瓶がついており、ホースで吸った虫が瓶の中に溜まる仕掛けである。市販品に良いものはなく、手作りするしかない。私はここへきてようやく満足のゆくものを作ることができた[図2-30]。まず、瓶から虫側にはアルミのパイプを曲げて長い管を取り付けた。長さが大切で、これによって、アリを驚かさずに行列に交じる虫を吸い取ることができる。また、瓶は実験用の30ミリリットルの管で、大部分の虫が這いあがれない内部表面構造になっている。好蟻性昆虫の採集を意識してこだわったものだが、ほかの昆虫にも十分使えそうである。

また、地面や朽ち木を掘る道具として、私は片手鍬《くわ》という小さな鍬を愛用している。

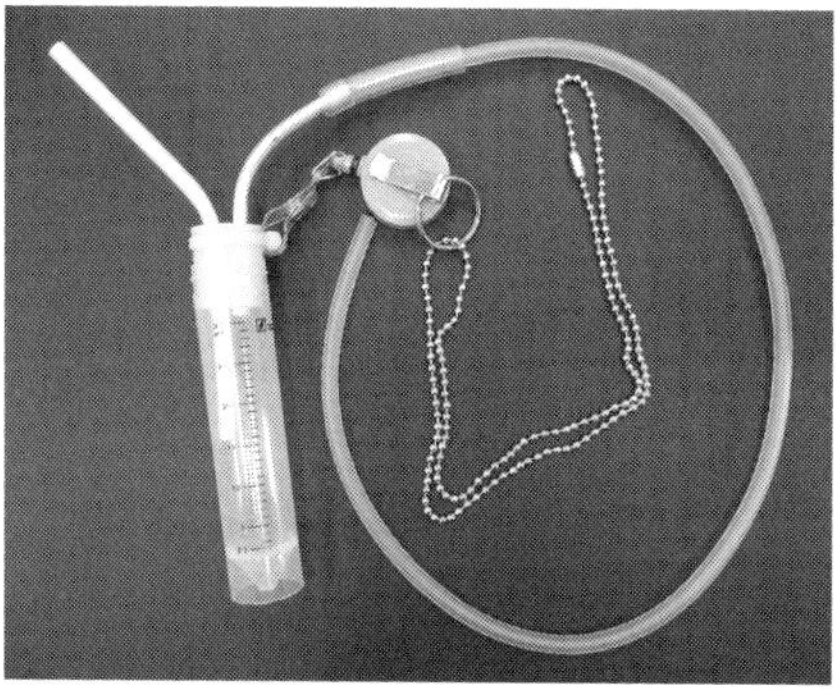

図2-30 手製の吸虫管. 首から下げて使用する.

細かい作業をおこなうには刃の幅の狭いものに限る。さまざまな商品があるが、良いものは滅多に見つからない。

そのほか、土をふるう篩《ふるい》、その受け皿、大型のアリをつまむピンセット、アルコールを入れる小瓶など、こだわる道具は数多い。買い物に出かけて採集の想像をめぐらしながらより良い道具を探すのもまた楽しいものである。採集という行為は技術であり、道具にこだわらなければ良い採集はできない。一通りの道具はすでに定まった感があるが、これからも新しいものを探し続けるだろう。

グンタイアリを求めて

くりかえしになるが、これまでに出てきたサスライアリ属 *Dorylus* もヒメサスライアリ属 *Aenictus* も軍隊アリと呼ばれる放浪性のアリの仲間で、それぞれサスライアリ亜科 Dorylinae とヒメサスライアリ亜科 Aenictinae に属する。これらは旧世界の温かい地域（アフリカ、アジア等）とオーストラリア北部に分布し、前者はとくにアフリカ、後者はとくにアジアで繁栄している。漢字の使用の有無で紛らわしいが、軍隊アリにはグンタイアリ亜科 Ecitoninae というグンタイアリ属 *Eciton*、フトグンタイアリ属 *Nomamyrmex*、ヒメグンタイアリ属 *Neivamyrmex* などのアリを含む亜科があり、それらは北米南部から中南米という新世界に分布している。なお、サスライアリ亜科、ヒメサスライアリ亜科、グンタイアリ亜科の軍隊アリの3亜科は1つの祖先から分化したと考えられている（Moreau *et al.*, 2006 など。Ｐ１３７の注も参照）。

　これまでに海外では東南アジアを中心に野外調査を進めてきた。東南アジアでもインドネシアの島々やフィリピンなど、調査していない地域はまだ多いが、アリの形をしたハネカクシはアフリカにも南米にもみられる。系統学的にそれらの形態がどのように進化したのかを調べておく必要があるし、またそれらがどのような生活を送っているのか、実際に見てみたいと思っていた。

２００９年の2月に南米に行く機会が訪れた。許可の問題で採集はほとんどできないが、軍隊アリの専門家としてテレビ番組の取材に同行しエクアドルへ行けることになった。かねてハネカクシと同等にグンタイアリ属にも強い憧れを抱き、勉強していたので、見たことはないが、知識だけは一人前ということで調査を兼ねて同行させていただいたのである。グンタイアリは、膨大な数の働きアリからなり、兵アリの顎は湾曲し、女王は巨大である。もちろん多数の共生者を擁する。いずれも魅力的だった。

子供のころから南米という地域に抱いていた特別な印象から、どんな冒険が待ち受けているのだろうと最初はひやひやしたが、そんな心配はまったく杞憂だった。アマゾンの上流域にあるホテルに泊まった初日、そのホテルの庭にもっとも大きなコロニーを作るバーチェルグンタイアリ *Eciton burchellii*（Westwood, 1842）［図2−31］があっけなく見つかったのである。ヒメサスライアリとは異なり、昆虫を中心に動物質ならなんでも食べるからだろうか、いくつかの種のグンタイアリは、まるで日本のクロヤマアリのように、現地ではきわめて普通に見られた。

うれしいことにハネカクシもすぐに見つかった。木のうろの仮巣から雪崩をうって狩りに出陣するバーチェルグンタイアリの行列の中に、アリそっくりなハネカクシの *Ecitomorpha arachnoides* Wasmann, 1889 や *Ecitophya simulans*（Wasmann, 1889）［図2−32］がみられたのであ

図2-31 バーチェルグンタイアリ *Eciton burchellii* の兵アリ(著者撮影).

図2-32 バーチェルグンタイアリ *Eciton burchellii* の狩りに同行する *Ecitophya simulans*(著者撮影).

図2-33 バーチェルグンタイアリ *Eciton burchellii* の死骸を引きずる *Tetradonia* sp.（著者撮影）.

る。文献の知識ではわかっていたが、これには改めて驚かされた。ヒメサスライアリのハネカクシは引っ越しの時以外には巣から出てこず、寄主アリの狩りには決して参加しない。それに対して軍隊アリのハネカクシは一緒に狩りに出て行き、その場で餌のおこぼれを頂戴するのである。実に見事な形態をしている。色といい、体表の質感といい、寄主アリにそっくりである。

アリそっくりではないが、アリの行列の周囲をうろちょろする *Tetradonia* 属のハネカクシもいる。観察していると、生き倒れのアリを捕まえて、行列から離れたところへ運び、それを食べていた［図2-33］。アリよりもずっと小さいが、まだ生きているアリをズルズルと引きずるのは見事だった。似たような行動は、アジアの *Orphnebius* 属という同じアリノスハネカクシ族のハネカクシでも観察している。相手のアリはグンタイアリではないが、やはり自分よりもずっと大きなアリである。*Tetradonia* 属と *Orphnebius* 属は遠縁だが、外見は非常によく似ている。形態の類似は行動の共通性に関係しているようだ。

もちろん、バーチェルグンタイアリそのものにも感動した。なんといっても絨毯攻撃がすごい。太い行列の先が団扇《うちわ》のように広がり、数メートル四方がアリで埋まる。あちこちから悲鳴をあげるかのようにバッタやコオロギ、ゴキブリが跳び出す。捕らえられたバッタはすぐに脚をもがれ、バラバラにされて運ばれる。また、そのようなところには、運よく逃げ切ったバッタに卵を産みつけるためにやってきたヤドリバエ（寄生性のハエ）や跳び出したバッタなどをアリよりも先に食べるためにやってきた鳥類も集まってくる。そこにはグンタイアリによって作られた一時的かつ劇的な捕食被食の食物網ができあがるのだ。

そのほか、大型のコロニーをもつにもかかわらず、バーチェルグンタイアリと異なり、絨毯攻撃をおこなわないナミグンタイアリ *Eciton hamatum* (Fabricius, 1781)、兵アリをもたないキバラグンタイアリ *E. rapax* F. Smith, 1855 などさまざまなグンタイアリが同じ場所に生息しており、それぞれに違うハネカクシなどの共生者がいた。別種のグンタイアリの行列が交差点を作る様子もしばしば観察したが、グンタイアリどうしではまったく互いに干渉しあわないようだ。

また、グンタイアリの引っ越しを観察していて、ハネカクシと一緒にみられたアリヅカエン

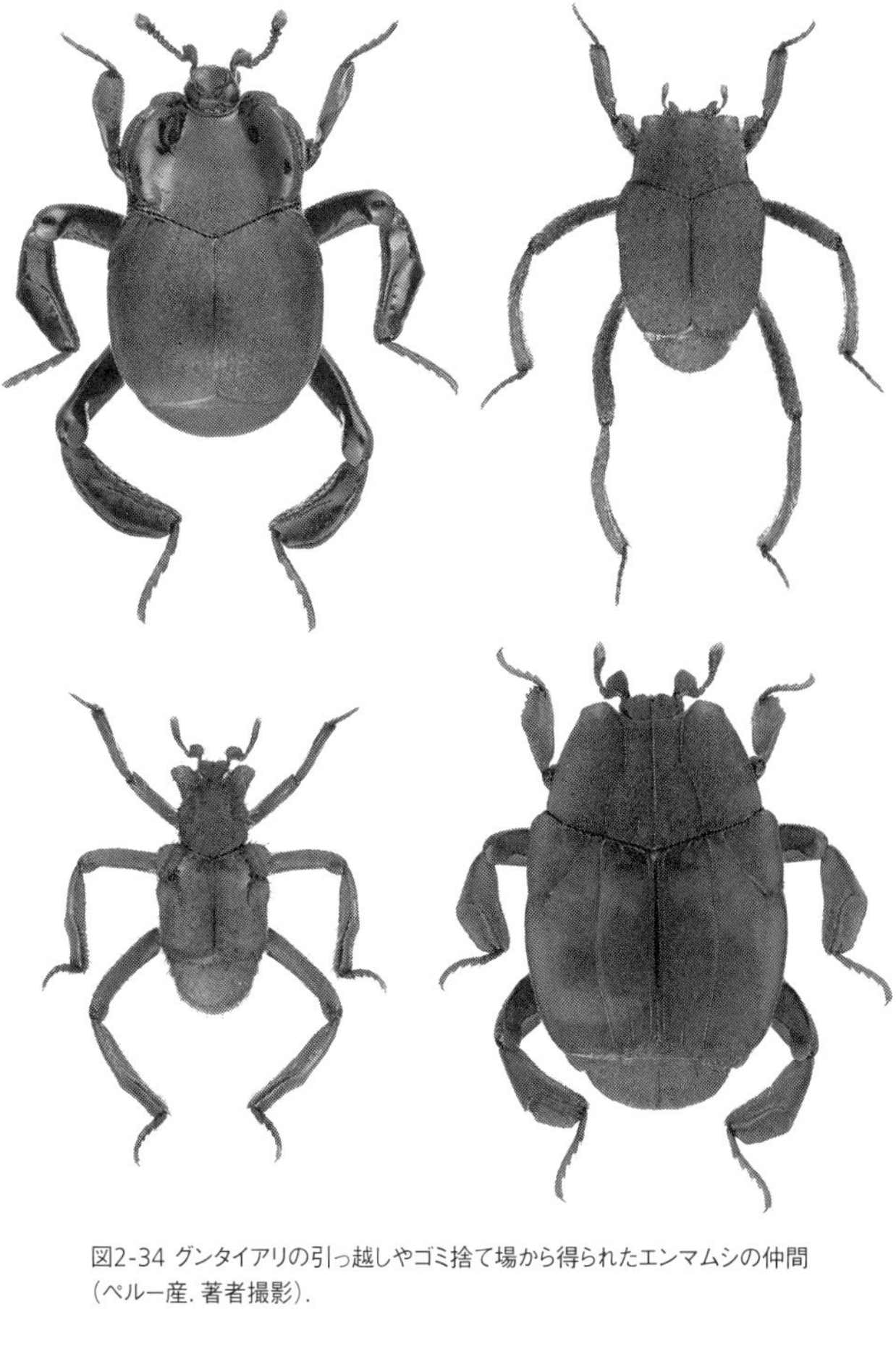

図2-34 グンタイアリの引っ越しやゴミ捨て場から得られたエンマムシの仲間（ペルー産. 著者撮影）.

図2-35 フトグンタイアリ属 *Nomamyrmex* の一種の巣にいるアリそっくりなハネカクシ *Ecitocryptus* sp.（島田拓撮影）.

マムシ亜科 Haeterinae のエンマムシにも興奮した。アリヅカエンマムシ亜科は世界に広く分布するが、多くの種は微小で、2～3ミリメートルが普通である。ところがグンタイアリの行列にすむものは、5ミリメートル以上あるものも少なくなく、形も多様で実に見事な甲虫ばかりだった［図2-34］。

２０１２年の1月にはペルーにも調査に行くことができた。小松君と島田さんと一緒である。エクアドルの調査で主要なものはすべて観察していたが、ペルーではフトグンタイアリ属のハネカクシを初めて見つけることができ、その見事な形態に驚いた。1つの巣に4属5種のハネカクシが観察されたが、とくにそのうちの1属1種はグンタイアリ属のハネカクシ以上にアリにそっくりで、目をこらさないとなかなか見つけることができないほどだった［図2-35］。

最近の研究では、バーチェルグンタイアリ1種だけで、３００種以上もの節足動物が一緒に生活しているということがわかっている（Rettenmeyer, 2010ほか）。多くは寄生性のダニで、兵アリにしかつかないものや、体の部位によっても種が違っている。バーチェルグンタイアリは特に巣の規模が大きいために共生生物の許容量が大きいというのもあるかもしれないが、それにしても驚くべき数字である。

得られたハネカクシの標本に基づいて、ＤＮＡを用いた分析を進めているが、グンタイアリと共生するアリ型のハネカクシは、ヒメサスライアリのそれとはまったく遠縁の異系統であることがわかってきた。これは形態に基づく過去の研究でも言われてきたことでもある（Seevers, 1965など）。

ところで、ハネカクシ科の一亜科であるヒゲブトハネカクシ亜科のなかでは好蟻性が数えきれないほど多数回進化している。そして、同時にアリ型形態も複数回進化していることは間違いないと私は思っている。[*10] おそらくヒゲブトハネカクシには、好蟻性とアリ型形態に進化しやすい遺伝的、形態学的な特質があるのだろう。

形態を一瞥しただけでも、ヒゲブトハネカクシ亜科の種は、ほかのハネカクシに比べて腹部

＊10―このときの仮説を検証した系統学的な研究（Maruyama & Parker, 2017）は、近年の私の研究の代表的な成果の一つであり、本書の追記（Ｐ２７６）で少し触れている。

の分泌腺が大きく発達しているのが特徴である。それらの多くは捕食者に対する防御物質を出すものと考えられるが、好蟻性種のなかでもアリへの特殊化の高いものでは、行動観察の結果から、その分泌物をアリをなだめる物質やアリの好む物質に変化させていると考えられる。

アリ型形態についても、腹節の基部の筋肉が発達し、腹部をもちあげる習性がヒゲブトハネカクシ全般にみられることから、その部分をくびれさせ、アリ型形態への進化をとげやすいと私は推測している。また、好蟻性でなくてもアリ型形態に近い種は少なからずいて、そういったものが比較的短い時間で好蟻性種へと進化した可能性も想像できる。このように、ヒゲブトハネカクシには好蟻性を獲得したり、アリ型形態へと進化しやすい「素地」、いわば発生学的な基盤がもともとあるといってよいかもしれない。

コラム●採集時の服装

小学生のときに見た図鑑の最後に、昆虫採集に行くための服装やもち物の描かれた絵があった。大人が探検に出かけるような大仰な恰好をして、立派な道具を携えているのである。何事も形から入る私は、その姿にひどく憧れた。

　さて、大人になった私が昆虫採集に出掛けるとき、しかも究極の採集地ともいえる熱帯雨林に分け入るとき、どのような恰好をするだろうか。熱帯の生物調査は数あれど、昆虫の採集はなかでも泥にまみれた過酷なものと思われるので、ここに紹介しておく。

　まずは上着である。白い下着の上に薄手の長袖のシャツを着るが、その色は柄付きで、明るすぎず、暗すぎないものが望ましい。柄があることによって、傷ついた植物から出る緑の汁や朽ち木にこすってできる茶色いシミが目立たない。調査の途中で買い物や食事など、人目の多いところに出かけることもあるので、汚れることを一切気にせずに、柄のないシャツを着るのもみっともない。また、黒や紺などの暗色は避けるべきで、ヒルやダニに気づきにくいし、日向に出たときに暑さで体調を崩すことにもつながる。私は明るい緑やチェック柄を好んで着る（「理系ファッション」と揶揄されるが、実用的意味もある）。下着が白いのは、その上を歩くダニに気づきやすいからである。見えないところも案外大切になる。

　下は作業ズボンやチノパンが良い。汚れが目立たないので、私は緑かベージュを好んで穿《は》く。あまり生地が厚いと洗濯時や雨に降られたときに乾きにくいので、やや薄いほうが良い。ただしあまりに薄いとトゲのある植物に引っかかって破れてしまうほか、蚊や虻《あぶ》の口を簡単に通してしまう。また、膝付近にポケットがあるものも、藪の中で引っかかりやすいし、乾きにくいこともあるので、できるだけポケットの少ない簡単なつくりのものが好ましい。

上着もズボンも登山用品店などで上等なものが売っているが、藪の中を歩く耐久性が考慮されているはずもなく、たいていそんなものには意味がない。汚れても気にしなくてよい安物で、着心地も考えつつ、右記の点に注意するのがいいだろう。

靴下は日本製のやや上等な普段着用のものが良い。分厚い登山用のものは、ダニが潜りこみやすいし、植物の種（ひっつき虫）や木屑などのごみが取れにくいので、薦められない。靴下の中にズボンの裾を入れるのが何よりも大切で、これによってダニやヒルをかなり防ぐことができる。よってあまり丈の短いものも良くない。

足下は長靴が基本である。第一の理由は足やズボンの裾を泥水で濡らさないためで、単純に調査を快適におこないたいという意味もあるが、皮膚から侵入する水中の寄生虫に対する用心でもある。さらに、ダニやヒル、さらには毒ヘビの攻撃を防ぎ、藪に入ったときに足下を怪我しないようにする効果もある。防水仕様の軽登山靴も可能性としては考えられるが、乾きにくく、汗をかいたときにかならず臭くなるし、紐や布の間にダニが潜むこともあるので、危険でもある。乾燥地での調査や長時間の登山をともなう採集旅行以外、登山靴は現実的でないだろう。長靴は中敷をはずして、いつでも洗えるようにすると良い。欠点は蒸れやすいことであるが、私は筒丈が一般の半分程度のものを選択し、その問題を軽減している［図2-36］。

図2-36　私の採集時の典型的な服装.

そのほか、長袖シャツの上にメッシュ地のフィッシュベストを着て、小道具を入れるのも良いだろう。日向を歩くときには帽子をかぶったうえに、首にタオルを巻くと過剰な日焼けを防ぐことができると同時に、樹上からのヘビの攻撃にある程度対抗することができる。

第3章 研究の枝葉を伸ばす

日本のアリスアブ相

北海道にも新種が

先に紹介したケアリを含め、好蟻性ハネカクシの採集と研究を通じて、私の研究はどんどんと枝葉を伸ばすことになった。もともとの好奇心の強さもあるのかもしれないが、それぞれの研究は互いに良い影響を与えあっていると思う。

札幌にいる時代に好蟻性ハネカクシを集めはじめてから、同時に副産物として得られるほかの好蟻性昆虫も積極的に集めはじめ、暇をみては文献調査と同定作業をおこなっていた。日本の好蟻性昆虫には、これまでにあげたハネカクシを中心とした甲虫のほかに、アリヅカコオロギやアリスアブ、さらにシジミチョウ、ノミバエ、ハチ類、シミなどがいる。このなかで、アリヅカコオロギとアリスアブは身近にみられ、好蟻性昆虫としては目立つ存在であるにもかかわらず、誰もきちんと研究を進めてこなかったので、普通種の同定さえむずかしいのが現状だった。そこで、博士研究員として国立科学博物館に移動したときにこれら2群の研究を本格的に開始した。

アリスアブ属 *Microdon* はハナアブ科 Syrphidae の一員で、幼虫は半球状の姿をしており、ア

図3-1 アリスアブ *Microdon japonicus* Yano, 1915の幼虫（左）と成虫（右）（小松貴撮影）.

リの幼虫や蛹を食べて育つ。昆虫とは思えない異様な姿をしており、ナメクジの一種として記載されたこともあるほどである。成虫になるとアリの巣から脱出し、外で交尾し、巣の近くに産卵する。成虫はハナバチのような姿をしており、目がクリクリと大きくて愛らしいハエである［図3-1］。

最初に手掛けたのは北海道産種だった。北海道にいたときにあちこちで採集した標本が手元に蓄積されており、さらに北海道大学時代の先輩でフンバエ科の分類をしていた廣永輝彦さん（現愛知県森林公園）がもともとハナアブに興味をもっていたことから、共同で研究することにした。

研究の結果、北海道のアリスアブ属には6種が認められ、そのうち4種が新種だった（Hironaga & Maruyama, 2004）。4新種のなかの1つは大陸側のロシアで記載されている種に似ており、今後再検討が必要かもしれないが、おそらく独立種だろうと考えている。

北海道時代には、東部の丸瀬布《まるせっぷ》町にある丸瀬布町生態昆虫館で働いている喜田和孝《きだやすなり》さんによくお世話になった。ちょうどその時期、喜田さんはアリに興味をもって調査されており、同時にいくつかの珍しい好蟻性昆虫も採集されていた。私はたびたび丸瀬布に喜田さんを訪ね、それらの珍種を採集させてもらったり、好蟻性昆虫に関する新しい情報をいただいたりしていた。そのときに採れたアリスアブの一種はいまのところ丸瀬布でしか採れておらず、シノノメアリスアブ *M. kidai* Hironaga & Maruyama, 2004という学名で新種記載した。おそらく北海道東部の狭い範囲にしか生息していない種と思われる。たまたま喜田さんが丸瀬布におり、このような出会いがなければ、この種の発見はなかったにちがいない。

絢爛蟻巣虻

また１９９８年ごろ、大阪府の高槻《たかつき》市で、小学４年生の弘岡拓人《たくと》君が、トゲアリの巣のまわりを飛ぶ大型で美しい、緑色の金属光沢を放つアリスアブを発見した。その後、この種は栃木県や山口県でも発見された。私も何度か栃木県の産地を訪れ、宇都宮大学にいた小林隆人《たかと》さんや岩井大輔さんの案内で、実際に生きている個体を採集することができた。薄暗い森の中で飛ぶ本種の美しさは、喩えようもないほどで、しいて言えば湿った里山の宝石のようだった。

発見されてから時間が経っていたが、明らかな新種であるにもかかわらず、この種を誰も新

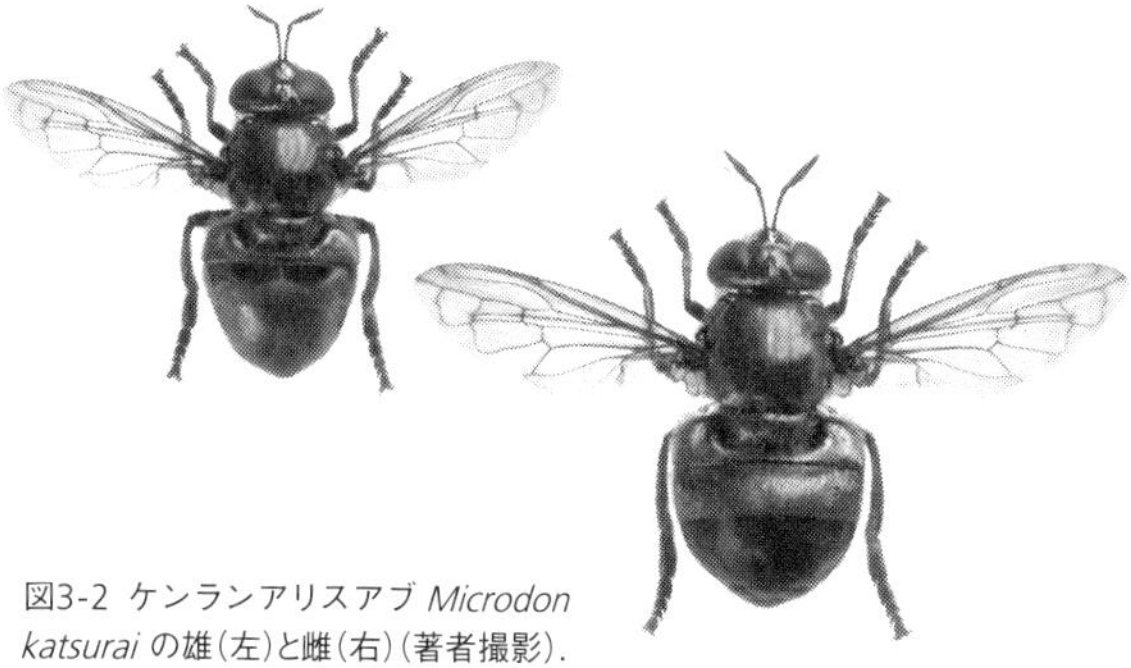

図3-2 ケンランアリスアブ *Microdon katsurai* の雄（左）と雌（右）（著者撮影）.

種として記載しようとしなかったので、２００４年に私は廣永さんとケンランアリスアブ *Microdon katsurai* Maruyama & Hironaga, 2004［図３－２］として発表した（Maruyama & Hironaga, 2004)。

　ケンランアリスアブの発見後、興味をもった複数の在野の研究者がトゲアリの巣に注目して調査をおこなったが、トゲアリがいてもケンランアリスアブは生息していないことが多く、いまだに発見された産地は少ない。またトゲアリは、むかしはどこにでも見られる普通種だったそうだが、ケンランアリスアブの調査の過程で、近年、全国的に減少傾向にあることが判明した。ケンランアリスアブは、点々とではあるが、本州中部から西部に至るまで広い地域で記録されている。ケンランアリスアブも本来はトゲアリとともに普通に生息していたが、トゲアリと運命をともにして多くの地域で消滅してしまったと想像される。

　好蟻性昆虫はもともと環境の変化に弱いようだ。たとえば調査の進んでいる好蟻性のシジミチョウを例にあげると、日本にはクロシジミ、ゴマシジミ *Phengaris teleius* (Bergsträsser, 1779)、オオゴマシジミ *Phengaris arionides* (Staudinger, 1887)、ムモンアカシジミ *Shirozua jonasi* (Janson, 1877)、キマダラルリツバメ *Spindasis takanonis* Matsumura, 1906という5種がいるが、いずれも国内ではひどく減少傾向にある。とくにクロシジミはごく普通種のアリであるクロオオアリと関係をもつが、都市化等による環境の変化のもと、アリは生き残っても、本種は簡単に絶滅してしまう例が多い。繊細な寄主探索行動、産卵行動に加え、アリの巣を壊滅させせない程度の繁殖力など、絶妙な調和のもとでアリとの関係を続けているシジミチョウにとって、わずかな環境の変化でも、もはや生活を続けられない打撃となる。シジミチョウ以外の好蟻性昆虫の減少傾向についてはよくわかっていないが、少なくともハネカクシでは同様の傾向がみられる。ケンランアリスアブにいたっては寄主のアリさえ減少してしまっているのだから、将来は明るくないだろう。トゲアリの減少の理由は不明だが、本種はクロオオアリを寄主とする一時的社会寄生性種であることから、好蟻性昆虫同様、環境の変化に弱いとみられる。

また、アリスアブには寄主のわかっていない例が多いが、国立科学博物館で研究していたとき、岐阜県の木野村恭一さんに数々の情報と標本をご提供いただいた。木野村さんは当時高校の先生で、アリの研究では専業の学者と同等の業績をあげられている在野の研究者である。木野村さんは豊富なアリの知識を背景に、岐阜県から多くの好蟻性昆虫の新種を見出すとともに、アリスアブについては、飼育と入念な採集調査で、次々に新しい寄主アリを発見された。木野村さんの調査結果は、一地域の好蟻性昆虫の調査としては日本でもっとも精度の高いものであろう。

ところで、ケンランアリスアブの記載から6年が経った２０１０年の春、ハナアブの分類をやりたいという修士1年生の学生が私のところにやってきた。それがなんと最初の発見者である弘岡君だったのである。これもまた不思議な縁である。彼は私の指導でハラブトハナアブ属 *Mallota* の分類学的研究をおこない、２０１２年の春に巣だっていった。ケンランアリスアブの種小名は、本種についていくつかの観察報告をされていた桂孝次郎さんに捧げたが、実は記載した当時、最初の発見者が弘岡君だとは知らなかった。発見者の弘岡君の功績は大きく、私も研究の機会をもらったことに感謝しなければならなかった。弘岡君を学生として指導することができ、なんとかその恩に報いることができたかもしれない[11]。

＊11―弘岡君の修士論文はハラブトハナアブ属 *Mallota* の分類学的な研究で、カナダ人研究者のクリスチャン＝トンプソン（F. Christian Thompson）さんの手助けもあり、まとまった論文として出版された（Hirooka *et al.*, 2015）。弘岡君は現在、和歌山県職員として、サクラやモモを枯らす外来種のクビアカツヤカミキリの防除に奮闘している。

アリヅカコオロギと小松君

分類形質の発見

アリスアブと並んで日本産種の解明が求められていたアリヅカコオロギについては、最初はわずかな標本しか所持しておらず、それら限られた材料を穴があくほどじっくりと眺めることになった。結果としてこれが幸いした。

まず、手元にクロヤマアリ、クロクサアリ、トビイロシワアリ *Tetramorium tsushimae* Emery, 1925の巣から得られた大きさや雰囲気の異なるおそらく3種に分けられる標本があった。雰囲気というのは分類において重要な点で、感覚的に何かが違うと気づき、それが新種の発見につながることが少なくない。アリヅカコオロギは薄い外骨格に包まれた軟弱な昆虫で、乾燥標本にすると干物のように潰れてしまい、甲虫やアリとは違って輪郭や体型を観察しにくい昆虫である。古い時代に世界から多くの種が記載されているが、当時の学者も分類には苦慮したのだろうか、曖昧な種の区別をおこなう研究が多かった。

私は暇さえあれば標本を眺め、「似ているけど違う。しかし、どこが違うのだろう。」と考え続けた。その結果、光をあてたときの体の表面の輝き具合が違うことに気づいた。それが体表

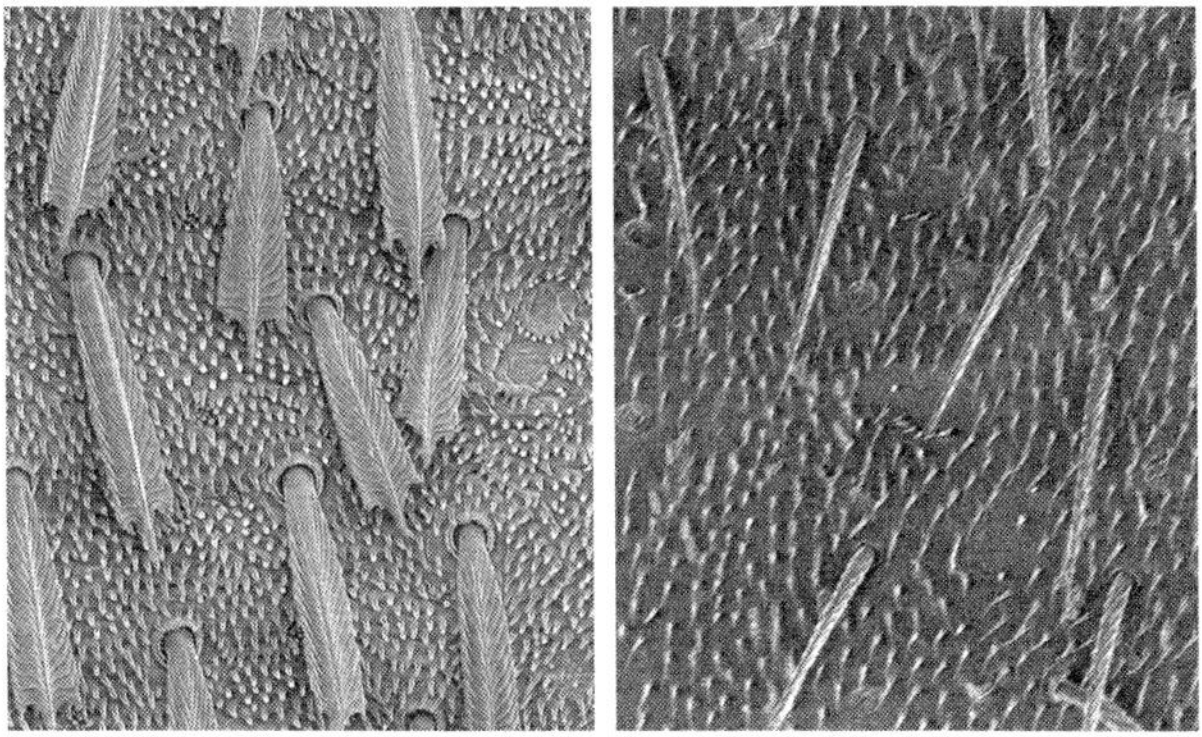

図3-3 アリヅカコオロギ2種の体表構造の電子顕微鏡写真（著者撮影）.

に生える鱗《うろこ》状の毛の形に起因することだとわかったのは観察をはじめて数か月後のことだった。そこで電子顕微鏡を用いて、改めてじっくりと観察したところ、その毛の形により、私が別種だと思っていた種を確実に識別できることがわかった［図3-3］。この方法は世界中のアリヅカコオロギに適用できることが判明し、アリヅカコオロギを分類するのに使える数少ない有用な形質を私が発見したことになった（Maruyama, 2004d）。

小松君の登場

時を同じくして、当時、信州大学の学部4年生だった小松貴君から、アリヅカコオロギの分子系統学の研究がしたいので指導してほしいとの連絡があった。これが小松君とのそもそもの出会いである。そのとき私は2006年に出版された『バッタ・コオロギ・キリギリス大図鑑』（北海道大学出版会）のアリヅカコオロギの部分を受けもつことになっていた。それに先立ち日本からアリヅカコオロギの4新種を記載したばかりだったが、少し判断に迷う部分が残されており、その問題を分子系統解析でも再検討したいと考えていた。私がやりたいと思っていた研究だったし、何より愛着のある研究材料でもあったので、簡単には了承できなかった。そこで小松君の指導教官の市野隆雄さんに相談した。アリヅカコオロギのように、外見での区別が困難で、あまつさえ採集の容易でない昆虫をやるには、生き物への愛情と野外調査を効率的にこなす感性が必要であり、僭越《せんえつ》ながら小松君についてその点をお伺いしたかったのである。市野さんの回答は、その点はまちがいなく保証できるとのことだった。

　それから交流を重ねていくうちに、小松君はたいへんな博物学者（naturalist）で、生き物全般に詳しく、何かと煩わしい人間社会にいるよりも、森に住みこんで動物と友達になったほうがよいというくらいの人だと知った。これまでいろんな生き物好きに出会ったが、小松君ほど知識、それも誰も気にとめないような目立たない分類群についての知識が豊かな若者をほかに知らなかった。私も図鑑を読んで知識を詰めこんだので、とても共感できたし、どんな話題にも互いに興味がもてたのはうれしかった。[*12]

　とにかく小松君は勘が鋭く、珍しい昆虫をよく見つける。こう言ってもピンとこないかもしれないが、昆虫の採集というのは実に奥の深いものである。狙いの昆虫の生態がある程度わかっている必要があるが、それさえあればかならず採れるというものでもない。また、天候や時間にも大きく左右される。そういった条件がある程度揃ったうえで、それから先は何よりも勘がものをいうのである。しかしながら、小松君は生態も何もわかっていない珍しいものをいとも簡単に採ってくることがあるのだ。

その後、小松君とは相棒としてあちこちに同行することになった。もっとも、小松君は自らを「鵜飼（私）の鵜」と称して、珍しいものを採集して無償で私に提供することに複雑な心境でいるようである。

行動の異なる2種

この小松君は、採集者としてだけでなく、研究者としても優秀だった。彼が世に送り出した論文のなかでも、とくに面白いのは、シロオビアリヅカコオロギ *Myrmecophilus albicinctus* Chopard, 1924［図3－4］とミナミアリヅカコオロギ *M. formosanus* Shiraki, 1930という2種の

＊12―小松貴さんは現在、フリーの昆虫学者として、講演や書籍出版で活躍するとともに、私と一緒にNHKの「子ども科学電話相談」に出演もしている。いまはアリの巣の昆虫以上に、地下深くに生息する昆虫や絶滅危惧種の普及啓発に焦点を当てている。

図3-4 シロオビアリヅカコオロギ *Myrmecophilus albicinctus*（小松貴撮影）.

アリヅカコオロギの生態の違いを比較した、比較行動学の論文である（Komatsu *et al.*, 2009）。前者はアシナガキアリ *Anoplolepis gracilipes*（F. Smith, 1857）のみと共生する専門寄生者（specialist）であるのに対し、後者はアシナガキアリのほか、さまざまなアリの巣に入りこむ広汎《こうはん》寄生者（generalist）である。双方の見た目は大きく変わらず、少なくとも形はほとんど同じで、前者には白い帯がある程度である。しかし、シロオビアリヅカコオロギのほうは、アリから口移しに餌をもらい、きわめて高度にアリの社会に適応しているのに対し、ミナミアリヅカコオロギはアリの食べ残しを食べ、アリが近づくと素早く逃げるという対照的な行動をとることがわかった。

一見姿形のよく似た好蟻性昆虫でも、ここまで行動が大きく違うというのは興味深い。通常、同属（あるいは明らかな近縁種の集まり）の昆虫で、形が近かったら同じような行動をとると考えるのが普通であり、改めて好蟻性昆虫の行動の奥深さを思い知らされた。もしこのような報告がなければ、「姿形の似た近縁種は行動も同じようなものだろう」という、昆虫では一般的な法則をそのまま好蟻性昆虫にあてはめてしまっていたかもしれない。

この研究の原案は、私の昔からの友人で、沖縄在住の杉本雅志さんに聞いた話しだった。私が修士のころに会った際、アリヅカコオロギを飼っていて、白い帯のあるほうは水分しか摂れないが、帯のないほうは自分で餌を食べることができると聞き、それがずっと気になっていた。そこで私は、小松君が研究をはじめたときに、いつかこの2種に関する観察実験をやってみてはどうかともちかけたのである。もちろん、原案は小松君ではないとしても、それをもとに実験計画を組み立てるのは容易ではない。統計解析にかけることが可能なほど、アリヅカコオロギをまとめて多数採集することや、生息地の多種のアリの巣の徹底調査、寄主アリの飼育方法や巣内の観察方法の確立など、小松君だからこそ成しとげることのできた研究内容であったことはまちがいない。

なお、『バッタ・コオロギ・キリギリス大図鑑』で解説した種の分類には問題が残っており、今後の再検討を小松君の主導で進める予定でいる。

愛しきヒゲブトオサムシ

ワズマンも私も

ヒゲブトオサムシという甲虫の一群がある。オサムシ科の一族で、世界から６００種あまりが知られており、詳しい生態はほとんどわかっていないが、すべてアリと密接な関係をもつとされる。その名の通り、触角が太いのがヒゲブトオサムシ最大の特徴であり、最大の魅力でもある。

甲虫の触角は通常11節であるが、ヒゲブトオサムシは最少2節にまで節数が減っている。実際には減少しているのではなく、2節目以降が融合して1つの節になってしまっているのである。その部分は分泌腺で詰まっており、アリとの接触に必要な成分を生成し分泌するようで、種によってさまざまな形に変化している［図3‐5］。おそらくアリとの関わりによって進化し、その差異はアリとの関わりの違いを多少とも示すものだろう。この点で、ヒゲブトオサムシの触角は、その進化の過程でアリによって削り出された彫刻といってよいかもしれない。

ワズマンはさまざまな好蟻性昆虫を研究したが、このヒゲブトオサムシをもっとも愛したという。それは私も同じで、研究材料としてはハネカクシのほうが断然面白いが、単純に昆虫の美しさという点では、ヒゲブトオサムシにもっとも惹かれる。アリがヒゲブトオサムシの触角から出る成分に夢中になるように、私はヒゲブトオサムシの触角の形に惚れこんでしまったのである。

ところが、ヒゲブトオサムシは採集のむずかしい種が多く、標本がなかなか集まらない。自分でも採集に努めたが、それでは収集に限界がある。そこで、身近な甲虫の収集家に片っ端からお願いし、標本を集めた。東南アジアに行ったことのある方であれば、誰でも少しは標本をお持ちだった。ヒゲブトオサムシを美しいと感じるのは誰でも同じで、愛着のある標本を気前よく分けてくださった方々にはいまでも頭が上がらない。

最初は、好蟻性昆虫全般の標本を集めており、その一環としてヒゲブトオサムシに興味をもったのだが、集めていくうちにいまだに多くの新種が残されていることがわかってきた。ヒゲブトオサムシはアフリカとアジアの熱帯を中心に分布するが、アジアの種については、ワズマンをはじめ何人かの研究者が１８００年代の終わりから１９５０年代までに分類学的な研究をおこなっただけで、それ以後の研究はほとんどなかった。また、ポルトガルのエドゥアルド＝ルナ＝ヂ＝カルヴァーリョ（Eduardo Luna de Carvalho １９２１～２００６）が１９８９年に世界のヒゲブトオサムシの分類学的総説（Luna de Carvalho, 1989）を著し、それがヒゲブトオサムシ研究の一つの聖典となっているが、手元に集まった標本には、それに出ていない種がとても多かった。

自力採集と研究の開始

２００５年、当時、同じ国立科学博物館で研究生をしていた神保《じんぼ》宇《う》嗣《つぎ》君（現国立科学博物館研究員）と大阪府立大学の大学院生だった山田量崇《かずたか》君（現徳島県立博物館学芸員）との３人で

図3-5 東南アジアのさまざまなヒゲブトオサムシ．右ページ：*Cerapterus quadrimaculatus* Westwood, 1841（上左），*Ceratoderus* sp.（上右），*Platyrhopalus tonkinensis* Janssens, 1948（下左），*Platyrhopalopsis picteti* (Westwood, 1874)（下右），左ページ：*Heteropaussus westermanni* (Westwood, 1838)（上左），*Lebioderus goryi* Westwood, 1838（上右），*Paussus jousselini* Guérin-Meneville, 1883（下左），*P. lanxangensis* Nagel, 2009（下中），*P. drumonti* Maruyama, 2014（下右）（著者撮影）．

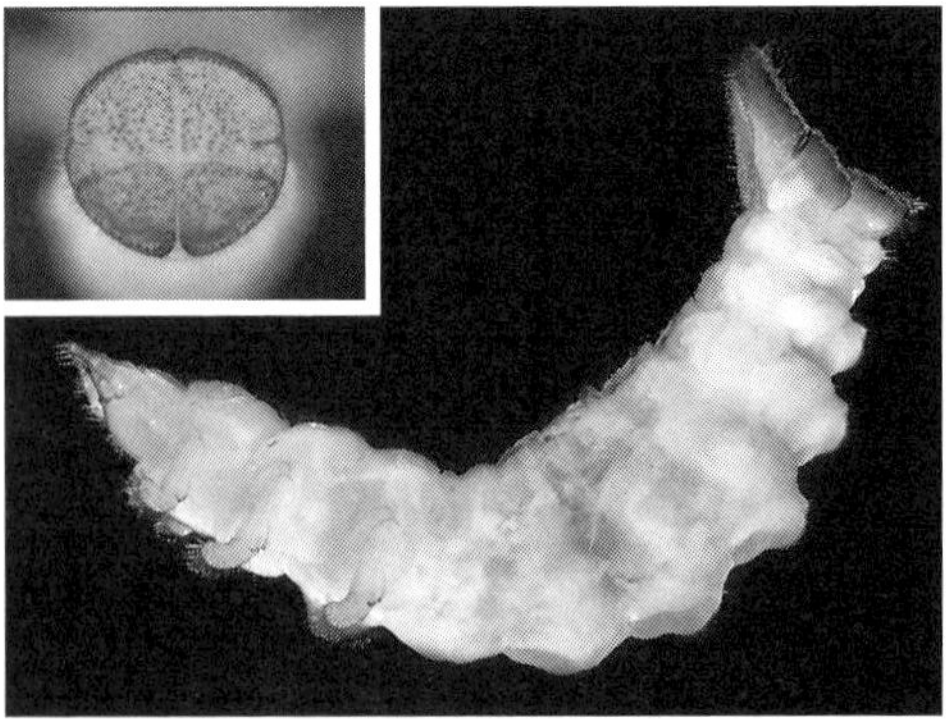

図3-6 ヒゲブトオサムシの一種 *Paussus* sp. の幼虫. 囲みは腹部末端（著者撮影）.

エンダウ＝ロンピン（Endau Rompin）というマレー半島の国立公園に行った。その際、公園内に衝突板捕虫器を仕掛け、ヒゲブトオサムシを5種も採集することができた。たいてい、1回海外に遠征して、ヒゲブトオサムシが1種採れれば御の字といったところで、こんなに採れたのは後にも先にもなかった。しかも、帰国して標本にしたところ、その5種とも新種であることがわかった[*13]。

また2007年にカオ＝ヤイ国立公園を訪れたときには、小松君がアリの巣にいるものを見つけ、1つの巣から9個体をまとめて採集することもできた。しかも明らかな新種である。アリはオオズアリ属 *Pheidole* の一種で、それがわかると、その後は私もいくつかの巣を掘り当てた。ヒゲブトオサムシは、その形態的な特徴から、全種が好蟻性と考えられているが、実際にアリの巣から得られたものは少なく、大部分の種では灯火に飛来したものを偶然得ているにすぎない。過去に記録されているヒゲブトオサムシの寄主の多くもオオズアリ属の種なので、その点では目新しい記録ではないが、アリの巣から直接採集したこと自体、貴重な例であり、なんともうれしかった。同時に幼虫が得られたのも大きな収穫で、これまでアジアでの記録はほとんどなかった。ヒゲブトオサムシの特徴として、幼虫の腹部の末端が円盤状になっていることがあるが、実物を見たときにはその異様な姿に驚いた[図3-6]。アリの巣の壁に坑道を作って潜りこんでおり、おそらく普段はこの円盤で入り口の蓋をして、通りかかったアリを感知すると、体を反転させて襲うのだろう[*14]。

その後も少しずつ標本が集まっていき、アジアのものは新種がかなりの割合を占めることがわかった。研究している人がほとんどおらず、放置しておくのも惜しいと思い、本業のハネカクシの片手間に、年に1種は記載していこうと決めた。

*13―その後、このときの5新種やその後発見された新種とともに、私はヒゲブトオサムシ属 *Paussus* の19新種を発表した(Maruyama, 2016)。画家の川島逸郎さんに全種の美しい全形図を描いていただき、素朴な記載ではあるが、私のもっともお気に入りの論文の一つである。カオ＝ヤイ国立公園の新種は *P. siamensis* と名付けた。

*14―このとき発見された幼虫はイタリアのヒゲブトオサムシ研究者であるアンドレア＝ディ＝ジュリオ(Andrea Di Giulio)さんと一緒に、詳細に形態の記載をするとともに、幼虫がアリに触れられたときに体から液体を出し、それをアリが舐めるという行動も記録した(Giulio *et al.*, 2017)。

図3-7 採集して狂喜したヒゲブトオサムシ
Euplatyhopalus tadauchii（著者撮影）.

集まった標本の大部分はほかの人の採集したものだったので、やはり自分で採ったものには並々ならぬ愛着が生じる。そのなかでもいちばんうれしかったのは、２０１２年に記載した *Euplatyhopalus tadauchii* Maruyama, Nomura & Watana という種だった（Maruyama *et al.*, 2012）［図3-7］。*Euplatyhopalus* というのは星形の美しい触角をもつ属で、含まれる種のすべてが非常に得がたいものである。この新種は２００９年にタイのケン＝クラチャン国立公園で衝突板捕虫器を用いて採集したもので、見つけたときには文字通り狂喜したものだった。

このときに同行していた野村周平さんが、衝突板よりも先に電灯捕虫器［図3-8］で３頭も捕獲していた。私もこのとき電灯捕虫器を使っていたのだが、近くに仕掛けていたのに野村さんのものだけに入るのには悔しい思いをした。その際にわかったのだが、野村さん

図3-8 森の中に仕掛けた電灯捕虫器.

は４ワットの電灯を使っているのに対し、私は16ワットの電灯を使っていた。もしかしたらこの種は弱い光を好むのかもしれないと思い、２０１２年の３月にケン＝クラチャンを再訪した際、こんどは４ワットの電灯を使って採集を試みた。その結果、無事に電灯でも採集することができた。同時に強い光の電灯を灯したのだが、そこにはとうとう飛来しなかったので、弱い光を好むというのはまちがいないことのようだ。

灯火採集というと、強い電灯をつけると多くの虫が集まると思っている人が多いようだが、実際にやってみると、電灯には直接飛んで来ずに、薄暗い物陰に止まる虫も多いし、そもそも強い光にやってこないものもいる。電灯の明るさは強ければ良いのではなく、弱いものも利用しなければならないということを、このときに学んだ。

アリノスハナムグリとミツギリゾウムシ

ヒゲブトオサムシの造形は美しいが、他の好蟻性の昆虫でも、同様の理由で大好きなものがいる。それはアリノスハナムグリとオニミツギリゾウムシのなかまである。研究の話しにもかかわらず、やや趣味的な話しになってしまうが、それらも好蟻性昆虫として興味深い存在である。

コガネムシ科 Scarabaeidae、ハナムグリ亜科 Catoniinae のアリノスハナムグリ族 Cremastocheilini は、南西諸島でもチャイロホソコガネ *Clinterocera ishikawai* Y. Kurosawa, 1973 とスジホソコガネ *Coenochilus striatus* Westwood, 1874 の2属2種を産するが、大部分の好蟻性昆虫と同様、圧倒的に熱帯に種数が多い。また、一部の種はシロアリとの関わりをもつことがわかっており、日本のスジホソコガネもその可能性が高い。実を言うとあまり自分では採集したことがなく、ウル＝ゴンバッやケン＝クラチャンでハコガタホソコガネ属の一種 *Clinterocera pilifer* Moser, 1921［図3－9］を衝突板捕虫器で得たのと、各地で数種のスジホソコガネ属 *Coenochilus* の仲間を得ているのみである。この仲間の生態はよくわかっていないが、北米産の *Cremastocheilus* 属では、ヤマアリ属の塚にすみ、巣材を食べることがわかっている。

Cremastocheilus と *Clinterocera* を含む Cremastocheilina 亜族は非常に変わった姿をしており、触角の第1節が杓文字《しゃもじ》のような形をしており、その下に第2節以降を隠して収納できるように

なっている。口器も下《か》唇基《しんき》節《せつ》というもので覆われており、細い髭《ひげ》状の部分はなかに隠れている。おそらく成虫はアリの巣に強引に侵入してアリの幼虫などを食べ、触角や口器の弱い部分を隠して、アリに攻撃を受けた際にそこを守っているのだろう。アジア産種の生態はまったくわかっておらず、解明を進めたい課題の一つである。

ミツギリゾウムシ科 Brentidae のオニミツギリゾウムシ族 Eremoxenini は日本に2属3種を産するが、いずれも稀な種である。この仲間も熱帯に種数が多く、ヨーロッパ南部、アフリカからアジアにかけて広く生息している。ヨーロッパからアフリカ北部に生息する *Amorphocephala coronata*（Germar, 1817）では生態が詳しくわかっており、アリから口移しに餌をもらうと同時に、ミツギリゾウムシもアリに少し餌を吐き戻すことがわかっている（Torossian, 1965）。アリ同士で口移しに餌の受け渡しをおこなうことを栄養交換（trophallaxis, food exchange）というが、これはアリと好蟻性昆虫で栄養交換をおこなう唯一の例である。

そもそもミツギリゾウムシ科を含むゾウムシ上科 Curclionoidea は植物食性の甲虫の代表であり、そのなかにあってオニミツギリゾウムシ族は異例である。これはシジミチョウのなかに好蟻性種がいることとよく

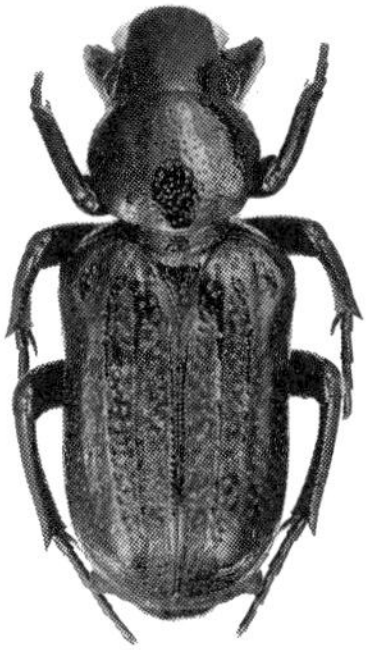

図3-9 ハコガタホソコガネの一種 *Clinterocera pilifer* Moser, 1921（著者撮影）.

図3-10 触角の太いミツギリゾウムシの一種 *Paussobrenthus* sp.（著者撮影）.

似ているが、いったいどのように進化したのだろうか。ミツギリゾウムシ科には肉食性の数群があり、そこから進化した可能性がある。

オニミツギリゾウムシの仲間はマレーシア等で数種を採集している。なかにはヒゲブトオサムシのように触角の太いものもある［図3-10］。また、ウル＝ゴンバッでオオアリ属 *Camponotus* の巣の中からまとめて複数個体を採集したこともあり、これには感動した。感動しただけでなく、これはアジアでオニミツギリゾウムシ族の種の生態情報が得られた唯一の知見である。[*15]

コラム●最近の発見 1

ボルネオのランビル国立公園は木の高いところや、そのさらに上の樹冠部《じゅかんぶ》で生物を調べるための基地があることで有名で、その調査を目的とした巨大なクレーンとゴンドラがあり、高木の間に木製の塔と吊り橋状の歩道が整備されている。

ここでは古くから日本人の研究者によってさまざまな生物の調査が進められており、クレーンや樹上の空中回廊も京都大学を中心とした大学の研究者によって作られた。

樹上の高いところにはアリ植物といわれる植物体内にアリのすみかを提供するシダ植物が着生し、そこにはシリアゲアリの一種 *Crematogaster difformis* (F. Smith, 1857) がすんでいる。1995年、京都大学の湯本貴和《たかかず》さんがその巣から、それまでアジアで知られていなかった好蟻性のゴキブリを発見し、*Pseudoanaplectinia yumotoi* Roth, 1995 として記載された (Roth, 1995)。

しかし、*C. difformis* の巣にすんでいたのはゴキブリだけではなかった。2005年に京都大学の市岡孝朗《たかお》さん、乾陽子さん、田中洋君らが再び同種のアリの巣を調査し、そこから奇妙なマグソコガネ亜科 Aphodiinae のコガネムシを採集したのである [図3-11]。私はその標本を調べさせていただき、新属新種 *Pterobius itiokai*

＊15―この成果は、森本桂先生（１９３４〜２０１９）、イタリアのルカ＝バルトロッツィ (Luca Bartolozzi) さんとともに発表し、その際、本種は *Systellus mentaweicus* (Senna, 1898) と同定された (Maruyama *et al.*, 2014c)。森本先生は世界的なゾウムシの大家、かつ私にとっては九州大学に来てからの恩師のような存在で、一緒に論文にできたのは良い思い出となっている。

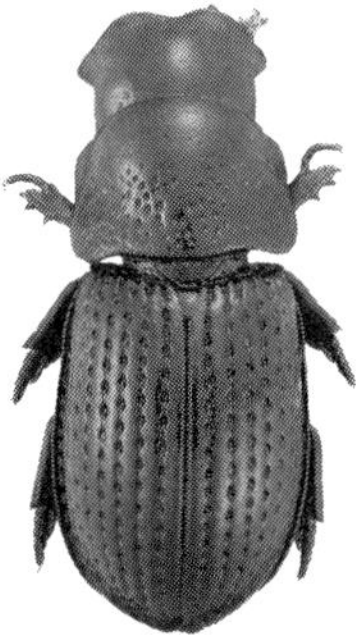

図3-11 樹上のアリ植物から出てきたコガネムシ *Pterobius itiokai* Maruyama, 2010（著者撮影）.

図3-12 地上40メートルの歩道から，ロープでさらに20メートル登る田中洋君（矢印）.

Maruyama, 2010として記載した。

　発見は続く。２０１１年のこと、樹上の歩道の一部が撤去されるにあたり、その前に *C. difformis* の巣を徹底的に調査しようということになり、私もその調査に同行させていただくことになった。

　歩道は地上30〜40メートルの高さにあり、アリのすんでいるシダ植物はさらにその10〜20メートルも上にあった。市岡さんたちはロープを使って巧みに木の上に登り、植物を剥がして採集してくださった［図3-12］。自分では高いところは平気だと思っていたが、この場所は予想以上に恐ろしく、とても採集のお手伝いをできる状況ではなかった。また*C. difformis*は非常に凶暴なアリで、巣に触れようものなら、集団で噛みついてくる。悲鳴をあげながら巣を剝がす市岡さんと田中君を申し訳ない気持ちで見上げるほかなく、袋詰めにされて上から落とされる巣を歩道の上で受け止めるのが唯一、私の貢献できる作業だった。

　このように私だけが楽をして、手伝いらしい手伝いもできなかったが、その巣からはさらにいろいろなものが出てきて、心躍った。とくに驚いたのはミツギリゾウムシの一種で、これもまちがいなく新属新種だった。[*16] そのほか、ハエやハチなど、いろいろなものが出てきた。熱帯雨林の樹冠部は生物調査の未踏の地の一つとは知っていたが、本当に見つかるもののすべてが地上付近とは大きく異なり、樹冠という環境の特異性を実感することができた。

＊16―本種は新属新種 *Pycnotarsobrentus inuiae* Maruyama & Bartolozzi, 2014として、発表された(Maruyama *et al.*, 2014a)。似た種がおらず、いまだに何に近いのか判明していない。

ツノゼミへの興味

ツノゼミはその奇妙な姿から、幼少期に図鑑で憧れた存在だったが、学生になるまであまり縁のない昆虫だった。初めて採集したときにも、あまりの小ささに驚くとともに、こんな地味なものかと思った程度だった。しかし、シカゴに留学中の２００７年、近郊の森であるパロス(Palos)森林保護区に出かけたとき、思いがけずたくさんのツノゼミを見つけ、こんな寒い地域（シカゴは函館より高緯度）になんと多くのツノゼミがいるのかと驚いた。しかも珍奇な姿のものが少なくない。それまで南米に多様なツノゼミがいるのは知っていたが、その多様性の豊かさが北米にまでおよんでいるとは、まったく知らなかった。

２００９年にグンタイアリの取材でエクアドルに出かけたとき、実際にあらゆる場所にツノゼミを見つけ、その数の多さ、色と形の多様さに夢中になってしまった。宿の庭に植えられている生垣のようなところでさえ、1本の木に20種以上のツノゼミが見られることもあった。

そのいっぽう、それまで何度も東南アジアの国々を調査したが、ツノゼミに注目したことは一度もなかった。偶然に見つけたことは何度かあったが、どれも日本のものと雰囲気の変わらないもので、あまり興味が湧かなかったのである。ところが、エクアドルから帰って、ツノゼ

図3-13 ツノゼミを探して道路沿いを歩く．このような環境にツノゼミは多い．

ミのことをいろいろと調べてみると、アジアにも実にさまざまなツノゼミがいることを知った。

かねて私の標本を作製していた学生さんたちもツノゼミに興味をもっており、２０１０年の秋に教え子を数名連れてマレーシアのウル＝ゴンバッを訪れたとき、一緒にツノゼミを探してみることにした［図３－13］。すると、探す必要さえないほど、いつも泊まっている宿泊所の付近にたくさんのツノゼミがいることがわかった［図３－14］。とても変わった姿のものもいる。それまで注意していなかっただけだったのである。

それからは、ハネカクシの調査のかたわら、マレーシアやタイを訪れるたび、暇をみてはツノゼミを探すようになった。主目的であるヒメサスライアリと共生するハネカクシはなかなか見つからないが、ツノゼミはそれに比べて採集がたやすく、気分転換や良い鬱憤晴らしにもなる。アジアのものは南米に比べてやや地

図3-14 ウル＝ゴンバッで見つかるさまざまなツノゼミ. *Sipylus* sp.（上左）, *Leptobelus* sp.（上右）, *Centrochares ridleyanus* Distant 1915（中左）, *Centrotypus pactolus* (Buckton, 1903)（中右）, *C. laticornis* Funkhouser, 1921（下）（著者撮影）.

味で、個体数も多くはないが、なかには美しい色彩のものや珍奇な姿のものもおり、採集していて楽しい虫だった。これまで探してこなかったのが悔やまれたほどだ。

また、ツノゼミの多くはアリと共生しており、好蟻性昆虫としての興味も湧いてきた。成虫は自由に生活するものも少なくないが、幼虫はほぼすべての種においてアリと共生する。なかには一生にわたってアリと強い共生関係にある種（属）もいる。共生の内容は、アブラムシやカイガラムシとほぼ同じで、植物から篩《し》管液《かんえき》を吸い取って、余分な糖分やアミノ酸を甘露として排泄し、それをアリが好んで餌とする。代わりにツノゼミは寄生蜂や捕食性の昆虫からアリに保護してもらうのである。アブラムシやカイガラムシより大型で、たっぷりと甘露を出すからか、ツノゼミに好んで随伴するアリは多い。

東南アジアのツノゼミは、ウィリアム＝ファンクハウザー（William D. Funkhouser １８８１～１９４８）というアメリカ人研究者が前世紀半ばに重要な総説を書いて以来、ごくわずかな研究がなされているだけで、最近の研究はほとんどない。日本人では、セミやヨコバイなどを含む頸吻《けいふん》亜目 Auchenorrhyncha について詳しい埼玉大学の林正美さんと個人収集家の遠藤俊次さん（故人）が東南アジア産の種についていくつかの報告をしたのみである。

調べていくうちに、私が１、２年間、遊びで集めた標本のなかにも、少なからぬ新種が含まれていることがわかってきた。日本のものは総じて地味だが、東南アジアまで行くとかなり変な姿のものがおり、誰かが興味をもって研究をはじめてもよいものであるが、専門家が誰もいないのは不思議である。

　個人収集家は何人かおり、とくにバンド「たま」の元一員で音楽家の知久《ちく》寿焼《としあき》さんや学生時代から知っている岡島賢太郎君は、アジアのツノゼミの地理変異や分類の問題点について楽しく話せる数少ない友人である。また彼らと話しているうちに、研究課題としても見逃せない問題がいくつか浮かび上がってきた。

　ツノゼミとの本格的な付き合いのはじまりは２０１０年のことで、その夏に私は「ツノゼミの世界」という写真と標本の展示会を開いた。深度合成法を用いた写真を大きく引き伸ばし、小さな容器に入れたツノゼミの標本をその横に貼り付けて展示した。これが思いのほか好評で、写真家の方の目にとまり、それが縁で『ツノゼミ　ありえない虫』（幻冬舎）という本の出版につながった。以来、私も多くのツノゼミ関係者と知り合い、またツノゼミの好きな人がぐっと増えたようだ。

　ただし、芸術的ともいえるツノゼミの個性的な姿に注目していた人はもともと少なくないようで、私が展示会を開いてから知り合った奥村巴菜《はな》さんという陶芸家は、ツノゼミを題材とした面白くも見事な作品を生み出している。

　生き物の多様性というのは、種の見分け方さえむずかしい昆虫では一般の人には理解しにくいところがあるが、ツノゼミの多様な姿はその点でとても良い題材のようだ。これから自分が本格的に研究するかどうかは、まだ迷っているところだが、研究者として昆虫の面白さや多様性の尊さを人に伝える手段として、ツノゼミは今後も付き合っていきたい大切な分類群である。

シロアリの巣もめぐる

好白蟻性昆虫研究の必要性

私が好蟻性昆虫の調査と同時に進めているのがシロアリと共生する昆虫、つまり好白蟻性昆虫である。シロアリとモトサスライアリで共通のノミバエが見つかったと前に述べたが、シロアリとアリが密接な被食捕食の関係にある以上、好蟻性昆虫の進化を考えるうえで好白蟻性昆虫の研究は欠かせないものである。また、そのような進化学的な意味からはずれても、同じく社会性昆虫を寄主とする生物という点で、好蟻性昆虫の行動や形態の理解を深めるためにも、好白蟻性昆虫の研究は好蟻性昆虫と一緒におこなわれて然るべきものである。実際、ワズマンやキストナーさんといった先達も好蟻性昆虫と同時に好白蟻性昆虫の研究もおこない、「社会性昆虫の共生者」という視点で議論を深めてきた。

日本ではシロアリに関する研究はよく進んでいるが、好白蟻性昆虫に関する研究はほとんどなされておらず、まだ少なからぬ新種が残されている。もともとシロアリの種数が日本では貧弱であり、好白蟻性昆虫も多くはないので、注目を集めにくいというのもあるかもしれない。しかし、日本のシロアリの研究者の多くは、シロアリを採集する際に好白蟻性昆虫を見つけても、ほとんど見向きもしないというのが現状のようである。好蟻性昆虫と似た状況だが、自然史的な注目度の低さはそれ以上かもしれない。おかげで私の時代まで研究材料が残っていたわけだが、複雑な気持ちもある。

シロアリ研究者のなかでも、日本大学教授の岩田隆太郎さんは別で、古くから好白蟻性のハネカクシに注目されてきた方である。もともと甲虫がお好きで、シロアリを含む食材性（木材を食べる）昆虫を専門に研究され、それらの延長線上に好白蟻性ハネカクシがあるようだ。

２００１年のことである。岩田さんの学生さんだった北條優《まさる》さん（現琉球大学研究員）と高橋悠子さんがそれぞれ屋久島と西表島《いりおもて》で見たことのないハネカクシを採集してきてくれた。どちらもイエシロアリ *Coptotermes formosanus* Shiraki, 1909 の巣で採れたものである。

イエシロアリは世界的に著名な家屋害虫で、世界各地に広まり、木造建築物等に甚大な被害を与えている。一般に、害虫の防除には天敵の利用が有用な場合が少なくなく、それには自然分布地における天敵の探索が必要である。シロアリの場合、どこが自然分布地にあたるかを決定する際、共生者の存在が証拠となると考えられている（Kistner, 1969）。実際にさまざまなシ

図3-15 イエシロアリの巣から見つかったダルマイエシロアリハネカクシ *Japanophilus hojoi*（左）とイエシロアリハネカクシ *Sinophilus yukoae*（右）（著者撮影）.

ロアリが世界各地に分布を広げているが、ハワイ等の確実に移入していると考えられる場所では共生者は見つかっていない。

イエシロアリでは、中国本土で共生ハネカクシ *Sinophilus xiai* Kistner が見つかり、中国が自然分布地の一つであると特定された（Kistner, 1985）。日本では、自然分布なのか人為分布なのか長らく不明だったが、その北條さんと高橋さんの発見により、自然分布の可能性がきわめて高いことがわかった。しかも、屋久島から採れたものは新属新種で、大陸でも知られていないものだった。それぞれの種に対し、発見者である北條さんと高橋さんの名前をとって、ダルマイエシロアリハネカクシ *Japanophilus hojoi* Maruyama & Iwata, 2002、イエシロアリハネカクシ *Sinophilus yukoae* Maruyama & Iwata, 2002 と命名した（Maruyama & Iwata, 2002）［図3-15］。最近、和歌山県で両種とも見つかり、日本本土におけるイエシロアリの自然分布の可能性も示唆された（Maruyama *et al.*, 2012)。

日本にもいた妖怪の群れ

日本の好白蟻性昆虫については、２００８年にうれしい大発見があった。その年の９月に採集名人の島田拓さんから連絡があり、石垣島のタイワンシロアリ *Odontotermes formosanus* (Shiraki, 1909) の菌園から変な虫が採れたという。写真を送ってもらうと、なんとこれまで日本では記録のなかったシロアリノミバエ亜科 Termitoxeniinae のノミバエである。腹部が白く膨らみ、奇怪な姿をしたハエとは思えないハエであり、これまでアフリカから東南アジアの熱帯域を中心に、東は中国と台湾まで記録されていた。

タイワンシロアリを含むシロアリ科 Termitidae のキノコシロアリ亜科 Macrotermitinae は、枯れ草などを集めて菌を植え付けて菌園を作り、そこで生長する菌糸を餌とすることで有名な昆虫である。菌園にはさまざまな昆虫が共生することが知られている。日本ではタイワンシロアリのみが知られており、沖縄島と石垣島、西表島から記録があった。台湾でシロアリノミバエの記録がある以上、近隣の石垣島と西表島にも何かいるのではないかと考えていたが、これまでいろいろな人がタイワンシロアリの生態等を調査しており、まさか誰も見つけていないとは思っていなかった。

　この一報を聞いた私は、小松君を誘って、翌月の10月に石垣島と西表島に急行した。その結果は上々で、120頭ほどのノミバエを採集し、そのなかにはなんと4属4種のシロアリノミバエ亜科が含まれていた［図3―16］。驚くのはそればかりではない。4属4種のうち、1属1種は新属新種だったのである。2～3ミリメートルと小さいが、あまりにも珍妙な姿のハエだった。そこで、なにか面白い和名をつけようと考え、シロアリノミバエ *Clitelloxenia formosana* (Shiraki, 1925)、マメダヌキノミバエ *Horologiphora sinensis* Disney, 1997、ドクロノミバエ *Pseudotermitoxenia nitobei* Shiraki 1925、そして新属新種はツキミノミバエ *Selenophora shimadai* Maruyama & Disney, 2010と名付けて発表した（Maruyama *et al.*, 2010）。ツキミノミバエ以外はこれまで台湾から知られていたものである。マメダヌキとは陰嚢が巨大で、それを広げて人を騙す妖怪である。マメダヌキノミバエは、巨大な陰嚢を頭にかぶっているマメダヌキの様子にそっくりで、とても愛嬌のある姿の虫である。ドクロノミバエは腹部の形が髑髏《どくろ》にそっくりである。なお、ツキミノミバエ *Selenophora shimadai* の種名は、発見者の島田さんに献じたもので、和名は白くて球形の腹部にちなみ、属名も「月をもつもの」という意味である。

　日本でもこの調子なので、東南アジアの面白さは言わずもがなである。ウル＝ゴンバッやカオ＝ヤイ国立公園でもさまざまなものを採集した。菌園に化けた甲虫や、日本の種よりもっと

図3-16 タイワンシロアリ *Odontotermes formosanus* の菌園から見つかった4属4種のノミバエ．シロアリノミバエ *Clitelloxenia formosana*（上左），マメダヌキノミバエ *Horologiphora sinensis*（上右），ドクロノミバエ *Pseudotermitoxenia nitobe*（下左），そしてツキミノミバエ *Selenophora shimadai*（下右）（小松貴撮影）．

奇怪なノミバエなど、面白い発見例をあげればきりがない。いまは成果としての論文の準備が追いつかない状況にある。

コラム●最近の発見２

コガネムシのなかにはいくつか好白蟻性の分類群が知られている。そのなかでもとくにシロアリの社会によく適応したものにCorythoderini族というマグソコガネ亜科の一群がある。アフリカからインド、ミャンマー西部にかけて分布し、全種がタイワンシロアリの仲間の菌園にすむことがわかっている。ツルツルで脚が長く、コガネムシとしては実に異様な姿をしており、標本は苦労して手に入れたものの、いつか生きた姿を見たいと思っていた。

機会は思わぬときにやってきた。２０１２年の６月にカンボジアのアンコールワット近郊を訪れたときのことである。８日間の滞在で、最初の７日間はヒメサスライアリを探し、あいまにツノゼミを採集していた。最終日の８日目に思いつきでシロアリ

図3-17 カンボジアのアンコールワットで見つけた新属新種のコガネムシ *Eocorythoderus incredibilis* Maruyama, 2012（著者撮影）.

の巣を掘ろうと思い立ち、とあるシロアリの巣を掘ったところ、思いがけずCorythoderini族のコガネムシが見つかったのである［図3-17］。最初、シロアリが3ミリメートルほどの黒いものを運んでおり、肉眼ではごみを運んでいるとしか思えなかったのだが、念のために見てみたところ、そのコガネムシだとわかった。息が止まりそうになり、ぶるぶると心が震え、腰が抜けた。

ミャンマーとカンボジアの間にはタイがあり、タイでは各地で散々シロアリの巣を見てきたが、このコガネムシはまったく見つからなかった。既知の分布地から離れたカンボジアでの出会いは本当に予想外で、肉眼で見ても、これまで知られていたどの属にも該当しない、つまり新属であることもわかった（Maruyama, 2012）。ここ数年でもっとも興奮した虫だった。

見つけた場所は観光地の近くで、ひっきりなしに車や人の通る道路の脇だった。そんなところで一人の昆虫研究者が小さな虫を見つけて腰を抜かしていたのである。

マンマルコガネと熱帯の法則

疲れ切った夜の愉しみ

数年前より、アリの巣の調査の片手間ではあるが、マラヤ大学のロスリーさんと一緒に、長期計画でウル＝ゴンバッの甲虫相を調べている。衝突板捕虫器を設置しているのもその一環である。これまでの成果から予想して、おそらくウル＝ゴンバッの半径数百メートルだけで1万種以上の甲虫が生息しているはずで、まったくキリのない調査といえるが、コツコツと続けていきたいと思っている。その成果の一部は出はじめていて、最近マンマルコガネという甲虫の一群で1つの論文が出た。

マンマルコガネはアツバコガネ科 Hybosoridae のマンマルコガネ亜科 Ceratocanthinae に属し、驚かすとアルマジロやダンゴムシのように球形になるコガネムシ（コガネムシ上科のことで、クワガタムシ科やコガネムシ科を含む）の仲間である。大きさは3〜7ミリメートル程度と小さいが、その丸くなった様子がとてもかわいらしい虫である。

2007年の1か月間の滞在の際、最初の1週間を一緒に過ごした小松君と当時北海道大学の大学院生だった鶴《つる》智之君（現鳥取県立博物館学芸員）の協力で、このマンマルコガネをたくさん採る方法を見出した。

　マンマルコガネの多くは、シロアリの巣にすむ。巣とはいっても巣の中ではなく、巣のまわりの堆積物（シロアリの噛み砕いた木屑や糞）の中で幼虫が育ち、そこで成虫も活動する。マンマルコガネは、普段は堆積物の中に潜っており、見つけるのがとてもむずかしいのだが、夜になると外へ出てきて、堆積物の上を歩きまわったり、そこで交尾したりすることがわかった。

　鶴君が大きな立ち枯れにびっしりとイエシロアリの一種 *Coptotermes* sp. が営巣しているのを見つけ、そこに夜になるとすごい数のマンマルコガネが貼りつくことを知った。間もなく鶴君は帰国し、それからはそれが私の「御神木」となった。

　ヒメサスライアリ探しで疲れて帰り、一休みした後に、脚立を抱えて森へ入り、立ち枯れの上のほうからマンマルコガネをつまんでいくのが、毎晩の愉しみだった。一度、真っ暗な森の中で道に迷い、重い鉄製の脚立を担いで30分も歩きまわったことがあったが、それも何とも思わないほど楽しい採集だった。結局、１か月のあいだに６００頭近いマンマルコガネを採集することができ、しかもよく見るといろいろな種が入っていた。片手間の楽しみのつもりが、なんだか面白そうなことになってきた。

種数のうえで多数派の珍種

マレーシアから戻った後、採集したマンマルコガネをすべて標本にし、それに別の期間に同所で偶然採集された十数頭の標本を加え、種分けを試みた。その結果、なんと18種も含まれていることがわかった。そのうち、13種はイエシロアリの巣、1種はオオキノコシロアリの一種 *Macrotermes* sp. の巣、1種はニトベシロアリに近い属の一種 *Dicuspiditermes* の巣より得られたが、残りの3種は葉の上にいた個体が偶然採集されたもので、生態は不明であった。

最初は自分で研究しようと思ったが、関連論文を集めていくうちに、マンマルコガネは分類がむずかしく、到底私の手に負えないとすぐに気づいた。そこで、私はそれらの標本をイタリアのマンマルコガネ専門家であるアルベルト＝バレリオ（Arberto Ballerio）さんに送ることにした。すると、1か所でこんなに多数の種が採れた例はないという驚きの言葉とともに、半分近い8種は新種の可能性が高いという返信が戻ってきた。そこで共同研究をすることになり、バレリオさんが記載分類をおこない、私は標本の写真を撮り、生態情報をまとめるという役割分担で研究を進めた。その成果として、「ウル＝ゴンバッのマンマルコガネ亜科――1か所での著しい多様性」という題で、3新種の記載を含む論文として発表した（Ballerio & Maruyama, 2010）［図3－18］。

余興だったこの調査は私の熱帯の昆虫に対する理解を深めることになった。18種のうち、12種は1頭から数頭の標本しか得られておらず、標本の大部分は普通種の3種によって占められ

図3-18 ウル＝ゴンバッで採集されたマンマルコガネ属 *Madrasostes*の4種．*M. variolosum* (Harold, 1874)（上左），*M. simplex* Paulian, 1989（上右），*M. hashimi* Ballerio & Maruyama, 2010（中央,下左），*M. sculpturatum* Paulian, 1989（下右）（著者撮影）(Ballerio & Maruyama, 2010を改変)．

ていたのである。少数しか得られていない種のうち、3種は生態がわかっておらず、そのなかには実際には個体数の多いものもいるかもしれない。しかし、15種は寄主となるシロアリがはっきりしていて、その後の調査でも個体数の多寡は明らかだった。イエシロアリの一種の巣から得られた13種については、いくつかの種では巣の状態によって好む場所（微細環境）に違いがみられ、おそらく1種のシロアリの巣でも細かなすみ分けがおこなわれ、生息環境の幅の広さとその資源の全体量によって個体数が変わってくるのだろう。

これと似たような例はほかの甲虫でも確認された。基本的な「法則」として、熱帯雨林では、わずかな種数の普通種が総個体数の大部分を占め、残りの少ない個体数を多数の稀種《きしゅ》が占めるのである。これは熱帯におけるある分類群の調査が、チョウのようなごく一部のよく調べられた昆虫を除き、ほとんど終わりをみることのないことも意味する。熱帯で昆虫を調査する者は、感覚としてこのことを理解しておかなくてはならないだろう。熱帯の昆虫を調べる人の間ではよく知られた事実だが、マンマルコガネの調査結果は、その種数が多すぎず少なすぎず、わかりやすい例を提供したといえる。

悩みを抱えて海岸へ

海とアリの巣の関係

好蟻性昆虫研究の枝葉にあたる内容を紹介してきたが、最後に一つ紹介したいものがある。それは潮間帯《ちょうかんたい》性のヒゲブトハネカクシ亜科である。潮間帯とは海辺の満潮時に水没する部分で、塩分や高温、波による攪乱《かくらん》など、昆虫が適応するためにはきわめて過酷な要素の多い環境である。こんなものをやっているというと、研究の一貫性がないと思われるかもしれない。しかし、これも好蟻性昆虫の研究に浅からず関わっているのである。

前にも述べたように、好蟻性種の大部分を含むヒゲブトハネカクシ亜科は、研究がたいへん遅れている。その背景には、ヒゲブトハネカクシ亜科に50以上ある族間の関係（高次系統関係）がほとんど不明で、それによって正しい分類体系の構築が遅れており、ひいては好蟻性種の分類にさえ影響をおよぼしているという問題がある。

これまでの好蟻性ハネカクシの研究者は、この点をおろそかにしており、ヒゲブトハネカクシ全般に関する形態学的な知識に乏しいまま研究を続け、後に問題を残していた。

修士課程に入って、採集調査以外に最初にはじめたことは、ヒゲブトハネカクシ亜科の標本をできるだけ徹底的に解剖し、族や亜族の特徴を見ることだった。50以上の族が「ある」とはいっても、各族の定義は実に曖昧なもので、確実な定義のあるものはいまだに少ない。つまり実態のはっきりしない高次分類群が乱立しているのである。いくつかの有用な文献もあったが、決定的なものは一つもなく、実情は手探りで、暗闇のなかで物の輪郭を把握しなければならないような歯がゆさがあった。しかし、作業を進めていくうちに、まだ誰も発表していない重要な形質状態がいくつも浮かび上がってきた。

当時、韓国人研究者の安基晶（Ahn Kee-Jeong）さんが潮間帯性のヒゲブトハネカクシを精力的に研究し、ヒゲブトハネカクシ亜科の高次系統にも関係する仕事をしていた。安さんは、ヒゲブトハネカクシ亜科の大家であるカンザス大学のジェームス＝アッシェ（James S. Ashe　１９４７〜２００５）さんの学生で、学位取得後に博士研究員を経て、ちょうど韓国の忠南大学に職を得て帰国したばかりだった。

そしてそのころ、国際千島調査（International Kuril Island Project）で大原さんが採集された北千島の標本を私が整理しており、そのなかに興味深い潮間帯性ヒゲブトハネカクシが入っており、勉強がてら同定させていただくことになった。さらに、千葉県立中央博物館の斉藤明子さんらも北千島で調査をされており、その標本も貸していただくことができた。

安さんの論文を手掛かりに研究を開始し、しだいに標本のなかに明らかな新種が複数含まれていることがわかった。そこで私は安さんに連絡をとり、それらを一緒に研究することになった。私単独でも研究可能なものだったが、分類学には、現役で活躍している先輩研究者の研究を尊重し、できるだけそれを邪魔しないという礼儀がある。また私の専門はあくまで好蟻性種だという考えもこのときにはあった。

海もめぐる

手元の標本だけでも研究を進めることはできたが、それでは本当に良い研究はできないと思い、私も北海道各地の海岸へ採集に出向いた。潮間帯のハネカクシの採集などといっても、想像がつきにくいかもしれない。これもなかなか奥が深く、種によって生息環境が微妙に異なるし、採集に適した場所を探すのもむずかしい。基本的には、干潮時に露出した干潟や磯をめぐり、そこにある石を起こす。そのほか、礫《れき》の海岸では、砂利を掘り進め、穴の水面に浮いてくるハネカクシを採集する方法もあるし、岩に張り付いた海藻やフジツボを剝がして、その中にすんでいるものを探すこともある。また、淡水の流れこみの有無や陸地側の環境のちがいによっても採れるものが変わってくる。

昆虫は通常暖かい地方に種数が多いが、潮間帯にすむ昆虫は逆で、夏季、灼熱に晒されやすい温暖な地域より、一年を通じて温度の高くならない寒冷な地域に種数が多い。その点で北海

図3-19 オオズウミハネカクシ *Liparocephalus tokunagai* Sakaguti, 1944 は30年近く記録がなかったが，最近愛媛県で再発見された（著者撮影）.

道は潮間帯性ハネカクシの非常に豊かな地で、多数の新種や日本初記録種を採集することができた。そして、その成果はいくつか安さんとの共著論文として発表した（Maruyama & Ahn, 2000 など）。

いっぽう、ヒゲブトハネカクシ亜科の勉強を進めていくうちに、私はだんだんと安さんの研究内容とは違った意見をもちはじめた。

潮間帯性ハネカクシの華ともいうべき分類群として太平洋沿岸に広く分布するウミハネカクシ族 Liparocephalini がある。この族には大小さまざまな属が含まれ、生態的にも潮間帯の異なった微環境にすんでいる。日本にも5属12種を産し、とくに絶滅の心配されるオオズウミハネカクシ *Liparocephalus tokunagai* Sakaguti, 1944［図3-19］は有名である。安さんはこの族を単系統群とみなし、族内の系統関係について研究した（Ahn & Ashe, 1996）。最近はDNA情報を加え、

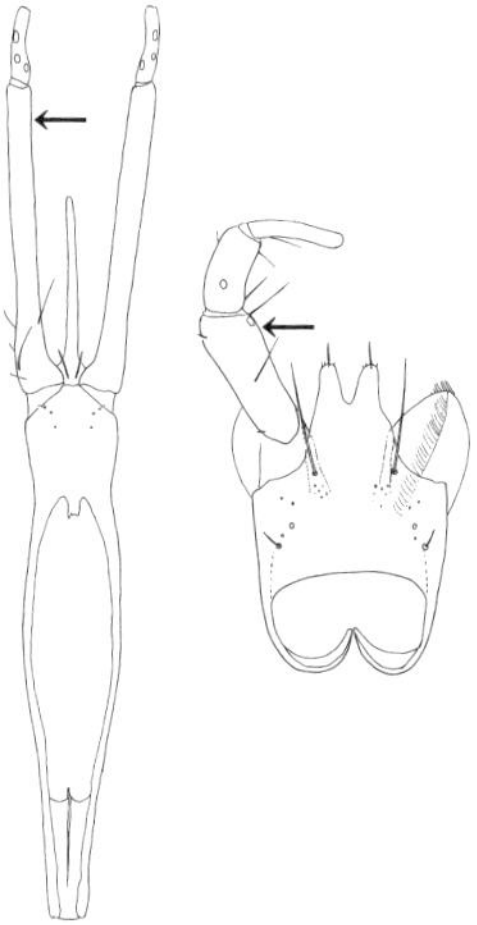

図3-20 潮間帯性ヒゲブトハネカクシによく見られる伸長した下唇鬚（左：ウマヅラウミハネカクシ *Halorhadinus sawadai* Maruyama & Hayashi, 2009）と典型的なヒゲブトハネカクシの下唇鬚（右：*Witteia dentilabrum* Maruyama, 2010）. 矢印は相同（同じ発生学的起源をもつ）な部位.

さらに明瞭な生態進化について議論し、一流といわれる雑誌に論文を発表している（Ahn *et al.*, 2010）。しかし、私の見解では、そもそもウミハネカクシ族の単系統性からして怪しい。ウミハネカクシ族については、軽微な形質状態で単系統性を支持し、それを根拠に研究を展開しているように思えた[*17]（Maruyama & Hayashi, 2009）。

好蟻性種同様、潮間帯性種もヒゲブトハネカクシ亜科のなかで多数回進化している。ヒゲブトハネカクシ亜科では、ある形質状態（「（指が）5本ある」というようなある形質の状態）が、ある族では確実にそれを定義するのに有用な情報であるが、別の族では収斂《しゅうれん》進化（異なる系統の生物が、似たような環境に生息するときに、類似の形態的特徴をもつようになること）しやすいために有用でない情報となることがある。ヒゲブトハネカクシ亜科の高次系統の困難さは、同じあるいは似たような形質状態の収斂進化にあるといってもまちがいないだろう［図3－20］。潮間帯性ハネカクシでは、同じような餌を捕食しているためだろうか、口器の形質状態がさまざまな分類群で似通ってきており、その形質状態の重要性の評価がむずかしい。

好蟻性ハネカクシ同様、正しい分類体系の構築と分類学的研究の遂行には、ヒゲブトハネカクシ亜科全体の理解が必要なのだが、安さんの研究はその困難さと必要性を再認識させるものだった。安さんの研究も刺激となり、私は一連の研究でヒゲブトハネカクシ亜科全体の形態を観察し、自分なりの考察をおこなって、族の再定義などを進めている（Maruyama, 2004d, 2006など）。なお、これら族の定義の問題に関する研究は、感覚の鋭い若いときだからこそ気づいた点が多かったと思う。私の研究全体の無謀さはあまり褒められたものではないが、この課題に早くから取り組んだことは良かった点だと自分でも思っている。

ところで私は、昆虫のくせに海にすむという奇妙な生態をもち、また姿形も変わっている潮

＊17―最近、田《た》作《さく》勇人《ゆうと》君という学生と、「うみねこ博物堂」という博物雑貨店の店主の小野広樹さんと私で、日本産ウミハネカクシ族を分類学的にまとめた（Tasaku *et al.*, 2023）。小野さんは長らく海岸性のハネカクシを一緒に研究してきた仲間で、採集が上手く、一緒にいくつかの論文を出している。田作君は種分類の感覚がきわめて鋭く、仕事が早い。この研究により日本産種の全体像が明らかとなった。

間帯性ハネカクシの虜になってしまい、いまでもときに海岸での採集にも足を延ばすようになってしまった。薄暗い森を歩きまわるのも楽しいが、ときには青空の下、広々とした海岸で採集するのも気持ち良いものだ。

また、この研究にも多くの方々のご協力をいただいた。なかでも大阪の在野の研究者である河上《かわかみ》康子さんはたいへん熱心で、大阪周辺の海岸を主に調査されている。あるとき淀川の河口付近で採集された見慣れぬハネカクシを送ってくださった。詳しく調べると、どうも該当する属がない。しかし、分類のむずかしいヒメハネカクシ族Athetiniに属することから、念のためにヒゲブトハネカクシの研究者仲間３人で相談した。その結果、やはり近似のものがなく、新属新種とすべきことが明らかになり、ケブカウミヒメハネカクシ *Osakatheta yasukoae* Maruyama, Klimaszewski & Gusarov, 2008として記載した（Maruyama *et al.*, 2008）。その後この種は韓国でも発見されているが、ごく最近まで、大阪のような大都会のすぐ近くで、このような種がひっそりと、誰にも知られずにいたのである。[*18]

潮間帯のハネカクシは一般に自然海岸を好む。日本の多くの自然海岸は不要な改修によって荒廃の一途をたどっており、多くの種において全国的に産地が減少している。しかし、私の怠惰もあって、まだまだ分類が進んでおらず、多数の新種が未発表のまま残っている。ここへきて、山本周平君という優秀な学生さんが現れ、研究の一部を担ってくれることになり、すでにいくつかの成果を出してくれている。それでもまだやるべきことは多く、私も好蟻性昆虫の研究のあいまをぬって、これらのハネカクシの研究も続けていきたいと思っている。

本当の生物多様性未踏の地はどこに

ある場所から一度に多数の新種が見つかると大々的に報道されることがある。その代表的なものは深海やニューギニア奥地など、単純に調査の行き届いていない地域からの報告である。しかし、そんな発見は当たり前のことである。そんな人跡未踏の奥地へ行かずとも、よく調査されている地域においてさえ、見方を変えるだけで多くの未知種が見つかることはあまりにも知られていない。それは本書で紹介してきた調査の内容を読んでもらえればよくわかることだと思う。たとえばマレーシアは過去にイギリス統治下にあり、古くから多くの昆虫学者が調査してきた。日本でも、毎年数多くの昆虫収集家が調査をおこなってきた。しかし、アリの巣に

＊18—その後、ケブカウミヒメハネカクシ *Osakatheta yasukoae* は、近縁種の発見により分類が再考され、Sawada（1990）が発表した *Eubadura* という属（発表当時は亜属）に移された。同時に *Osakatheta* は *Eubadura* の同物異名とされた（Tasaku & Maruyama, 2022）。学名には先取権があり、同じ実体に対して複数の命名がなされた場合、先に発表されたものが優先される。つまり、２００８年に発表された *Osakatheta* より、１９９０年に発表された *Eubadura* のほうが生き残ることになる。

すむ昆虫はほとんど専門的に調査されたことがなかった。

「未知の生物がすむ場所」というと特殊な地域を思い浮かべる人が多いが、実際にはそうではないのだ。アリの巣というのは、微細環境としてはたしかに特殊かもしれない。しかし、「場所」という点では、私が新種をたくさん見つけたのは、何の変哲もない身近な場所で、ときに多くの採集者が訪れた採集地でもあった。そんなところにも、足下を見れば調査地としての真の未踏の地があるのである。

マレーシアのウル＝ゴンバッの森の中に最初に入ったとき、虫やカエルの声は聞こえるが、ブンブンと顔にあたるほど虫がいるわけではなく、むしろ視覚的にはまったく静まり返っていることに驚いた。しかし調査を重ねるうちに、一見なにも目に付かないごく狭い範囲の森の中に、見方を変えると夥《おびただ》しい種数の昆虫が見つかることがわかってきた。

子供のころ、沖に出た船から黒々とした海面を見下ろして、その下にあるに違いない数多の生物の世界を夢想し、その果てのなさに恐ろしい気分がしたものだった。各地の森で調査をおこない、そこにすむ昆虫の多様性の一端を知ったとき、改めてその環境を遠くから眺めると、子供のときに感じた海面から深い海を見下ろすような、まさに底知れないものに対する名状しがたい思いが湧きあがってくる。自然の豊かな森には、そのような人智のおよばない奥深さがある。いまでも森へ行くたびに、そのことを思い知らされるのだ。

第4章 冒険は続く

三つ子の魂と進路

コカマキリの衝撃

私は母の実家のある静岡県で生まれたが、育ちはずっと東京である。幼稚園に入る前は新宿区で過ごした。新宿といってもそこは上落合という住宅地で、間近に高層ビルを望む商店街の花屋の2階に家族で暮らしていた。

おそらく3歳の夏だったと思う。近所の子供と一緒に商店街の空き地で遊んでいて、そこで見つけたコカマキリが私にとって初めての昆虫だった。そのときの衝撃と恍惚感はいまでも忘れられない。不思議な形とその存在そのものに激しく撃たれたのを、カマの裏側にある不思議な赤い模様とともに記憶している。思えば私は、新しく出会う昆虫にいまでもその感情を求めているのかもしれない。おそらくそのようなことは二度とないとはわかっていても。

翌春、江戸川区西葛西に引っ越した。幼稚園にあがってからは、図鑑ばかりを眺めていた。まわりの子供たちが喜んで見ていたテレビのヒーローものやアニメもお付き合い程度にしか興味をもたず、常に頭のなかはまだ見ぬ昆虫で占められていた。当時、「長崎は今日も雨だった」という歌がよくテレビで流れていたが、そのたびに「長崎」という言葉にナガサキアゲハを連想して、祖母に教えられて場所を知った遠い長崎を想ったものだった（いまや温暖化でナガサキアゲハは東京でも見られるようになってしまった）。

　江戸川区はいまでこそ整然とした住宅地だが、当時はあちこちに空き地や原っぱがあり、バッタやゴミムシを中心にかなりの虫がみられた。幼稚園児ながらもてる限りの知識を絞り出しつつ、昆虫の採集と飼育に夢中になった。卒園直前に学研の『世界の甲虫』という図鑑が出て、小学館の『昆虫』という子供向け図鑑とともに、ボロボロになって表紙が取れ、ページをつなぐ糸が切れてバラバラになるまで読みこんだ。いまでも昆虫のなかでは甲虫がいちばん好きだが、その興味は『世界の甲虫』が原点になっている。

　虫がいるとはいっても海岸に程近い住宅地で、森はなく、見つかる虫は非常に限られていた。だからこそ、それらのほとんどすべてが貴重で、小学校高学年にもなると、新しいものを見つけるたびに図書館にあった北隆館の大図鑑で調べることになった。もちろんわからないことも多く、図鑑に出ていない虫もいるという現実を早々に学ぶこともできた。多くの子供が好きなカブトムシやクワガタムシは、デパートの屋上やたまに訪れる母の実家周辺で見つかる「非現実的」な対象であり、小さく地味な昆虫こそが興味をもつべき身近な昆虫だった。大きな甲虫はそれはそれで魅力的だが、微小な昆虫にも同等に魅力を感じられるのは、都会に育ったからかもしれない。また、虫に出会う機会が少なかったからこそ、それぞれの虫に執着をもち、それらについて調べ、子供なりに知識をたくわえることができたのだろう。同世代の昆虫好きを見渡しても、意外に都会っ子が多いのには、同様の理由があるようだ。

コカマキリに続いてよく記憶に残っているのは、幼稚園のころに近所のイヌの糞で見つけたルリエンマムシである。図鑑で見て憧れていた昆虫だった。犬の糞にその姿を見た瞬間に、汚いのもかまわずに手で捕まえ、手のひらで青く輝く宝石にうっとりしていたのを覚えている。

そのほか、憧れていた昆虫はいろいろあったが、それらの多くは長らく憧れのままで、ようやく出会うことができたのはずっと後のことだった。先ほどのナガサキアゲハ、ハンミョウ、コガタノゲンゴロウ、クロシデムシ、ヒゲコガネ、ダイコクコガネ、ルリヒラタムシ——見つけるまでの憧れが長かったぶん、最初の感動は大きかったし、いまでも大好きな昆虫である。

それから昆虫だけでなく、植物、魚類、両生・爬虫類、鳥類と、あらゆる生き物に興味をもち、小学校のときには部屋中水槽や鳥籠だらけで、学校に行く前に世話をするだけでかなりの時間を要し、毎日遅刻しそうになるほどだった。

ちなみに小学校の高学年までは、「生き物博士」ということでなんとか面目を保っていたが、勉強は全然できなかった。また、運動神経の鈍さも想像を絶するもので、ドッジボールでは一度も人に球を当てられず、大流行していたサッカーでも一度もゴールできずに卒業した。ただ絵や工作は得意で、絵は習いに出かけたほど好きだった。分類学では作図の能力も重要なので、絵が苦でないというのはいまでも役に立っているようだ。こうやって思い返すと、三つ子の魂百までとはよく言ったものだと思う。

青少年期の葛藤

中学は都心にある私立に入学した。最初は恰好をつけてテニス部に入部したが、運動神経があまりに鈍いため、まったく性に合わなかった。しかし、運動神経が鈍くても、体力だけはあった。中学のときの遠足で丹沢の山に登ったとき、多くの同級生がバテているなか、自分だけは平気だった。しかも見たいと思っていた植物がたくさんあり、これは面白そうだとすぐにワンダーフォーゲル部に鞍替えした。

中高一貫校だったので、高校の3年間も登山は続けた。ワンダーフォーゲル部の顧問が高名な鳥類学者の清棲《きよす》幸保《ゆきやす》の子息である清棲保之先生で、その影響で野鳥にも興味をもった。一緒に山を歩いていて、先生が次々に鳥の巣を見つけるのに驚かされたのは再三だった。幼少時代からずっと鳥を見ているので、環境を見てどこに巣があるか直感でわかるという。その後も先生のような「超人」には何人かお会いした。いまでも同じだが、生き物に関して、自分がまったく足下にもおよばない人との出会いは、生き物の底知れぬ奥深さと、深い付き合いの容易でないことを思い知らされ、非常に大切な経験になる。

生き物に対する興味は変わらず強かったが、大学に入ってからも勉強するかどうかは迷っていた。よくある青少年の葛藤のなか、あらゆる矛盾に苦しんでいた私は、哲学に強い興味をもっていたのと、倫理学で教鞭をとっていた恩師の影響もあり、高校３年生のときには、とある大学の文学部の哲学科を志望していた。またその悩みの一部として、当時新聞や報道番組で知った自然破壊について考えており、思想的な観点でそのような問題の解決に取り組めないかと思っていた。いま思えば多分に観念的で、恥ずかしくて口に出せない内容である。

そんなとき新聞で、東邦大学の長谷川博さんという鳥類学者が、鳥島で細々と生き残っていたアホウドリを絶滅の危機から救ったという記事を読んだ。どのように環境問題に取り組もうかと悩んでいた矢先、人の手によって絶滅の寸前に追いこまれた哀れな鳥を一人の学者が中心になって救った（実際には多くの研究者が関わっている）という記事は、何よりも胸に響き、鳥類に興味をもっていたこともあり、すぐにこの学者のいる大学に行こうと決意した。

団塊ジュニア世代の人口の頂点で、受験競争のもっとも厳しい時代だった。私も高校１年から予備校に通い、親に高い月謝を払ってもらいながらせっせと勉強していた。だからまわりには反対する人もいた。しかし頑固で生意気な高校生が自分で決めたものを譲るはずはない。

自己推薦という制度を知り、高校３年の冬には東邦大学理学部生物学科への入学を決めていた。

生き物漬け生活

ドタバタ大学生

大学では野外で生き物を観察する部活動がなく、入学して早々に友達を誘って「自然観察の会」という愛好会を設立した。

小学校のときに近所の空き地でさまざまな昆虫を採集していたが、江戸川区は海に近く、家族で出かける潮干狩りも興味深い生き物との出会いの場だった。家から車ですぐの浦安の三番瀬（当時はいまより広かった）や原木《ばらき》中山《なかやま》の江戸川放水路にもしょっちゅう連れて行かれ、そのたびにアサリよりもほかの貝やカニに夢中になっていた。もちろんそれらも図鑑で調べてよく名前を知っていた。

そこで、新しく設立した会の最初の観察会は、江戸川放水路で干潟の生き物を調べることにした。みんなで泥だらけになって徹底して採集するのは面白かったし、自分で採集したことのない貝も見つかった。大学を卒業した１９９７年から訪れていないが、いまでは環境は変わってしまったかもしれない。トビハゼや東京湾で長らく絶滅したと思われていたアリアケモドキなどのカニ、当時かろうじて東京湾奥に残っていた一通りの貝を採集した。

小学校のときに友達の親戚の別荘があった房総半島の浜金谷《はまかなや》に何度か行ったのだが、そこも会の観察場所になった。イモリやカエル類が豊富にいたし、絶滅寸前のキベリマルクビゴミムシを１９９５年に採集したのもそこだった（丸山、２０２２）。

生き物を観察するときには、一人で出かけて、じっくりと調査するのも大切だが、ワイワイガヤガヤと大勢の目でおこなうのもそれなりの成果がある。いまでも学生を大勢連れて出かけ、自分では見たことのない生き物を見ることに愉しみを覚えるのは、このときの経験の延長線上にあるようだ。

そのころはとにかくいろいろなところに採集に出かけた。大学に入ってから本格的に昆虫にのめりこみ、夏休みに南西諸島へ採集に行くことも多かった。

しかし、時間はあってもお金がない。そこで、当時兼部していた「野鳥の会」という部活の先輩の紹介で、環境アセスメントの調査のアルバイトで旅費と小遣いを稼ぐことにした。これはいま思っても非常に良いアルバイトだった。それまでウェイターやファストフードの厨房、コンサートの警備員など、さまざまなアルバイトをしていたが、調査のアルバイトは勉強の機会と実益を兼ねた仕事だった。

いちばん多いのは鳥の調査である。ワシタカ類を対象とすることが多かったが、この調査はまちがいなく職人芸だった。図鑑に載っているような木に止まっている姿を見ることは滅多にないし、逆光などで体の模様が見えることも少ない。多くは飛んでいる様子を輪郭だけで同定しなければならない。通常の野鳥観察にはあまり必要としない技術であり、環境調査だからこその技術といえた。これは1年以上修行して、ようやく一通りのものがわかるようになった。ワシタカ類のほか小鳥の調査もあった。これも姿を見る機会は少ない。決まった道を歩いて、鳴き声でどのような鳥が生息しているか記録することが多い。

　次に昆虫の調査である。これは楽しかった。ただし本当に楽しいのは普段行けないような遠方で調査するときで、街中の公園のようなところで調査することも少なくなかった。ただひたすら虫を採集する仕事である。しかも、幅広くさまざまな虫を採集しなくてはならないので、それなりの知識と技術が必要だった。こういう調査は腕に差が出る。ときに同世代の虫好きと同行することもあり、これも勉強になった。また、この調査は鳥と異なり、標本を採集し、帰ってから種名を調べることになる。そういった同定のアルバイトも良い勉強になった。

　このような感じで、大学時代は自然観察、昆虫の採集、環境調査のアルバイトで生き物漬けの毎日だった。大学祭実行委員会にも入っており、学部3年生のときには実行委員長もやっていた。また、大学の講義がたいへんで、勉強もよくしたと思う。生物学科は実習が多く、深夜まで居残りさせられることも少なくなかった。いずれにしても、講義に部活にその他いろいろに、大学生活は楽しかったの一言に尽きる。

コラム●びっくり3選

大学生のころ、「ひどいとき」には放課後を含め、年間２００日くらい野外調査や採集にでかけていた。誰でも同じだが、調査の経験が多ければ多いほど、野外で予期せぬできごとに遭遇する確率も高くなる。ここでは大学時代に経験したことのなかでも、とくに驚いた事件を３つ選んで紹介する。

その一、マムシに噛まれる。私はヘビが大好きで、見つけると反射的に尻尾をつかんで捕まえる。たいてい、ヘビは見つけるとすぐに逃げてしまい、いそいで尻尾をつかまないと「何のヘビだったのだろう」と後悔することになるからである。そのときは捕まえるところまでは難なくできたが、問題はその後だった。捕まえたマムシを衣装箱に入れて飼育していたところ、子供を産んだのだが（マムシは卵胎生《らんたいせい》）、その子供をしばらく飼っていたときに、あつかいが悪くて指先を噛まれてしまったのである。もちろん、マムシが毒蛇だということは重々承知していたが、図鑑を見ると、「毒は強いが死ぬことはない」と書かれていることが多く、その「死ぬことはない」という言葉を甘くみていた。すでに成長していた子供は充分な毒をもっており、深く噛まれたものだから、マムシ本来の威力を十分に発揮した。一晩で指先から二の腕にかけてパンパンに腫れて、その痛みにもだえ苦しむことになったのである。このとき私は、「死ぬことはない」という記述は、「死なない程度にひどい」という意味であって、「大したことはない」という意味では決してないことを、身をもって学んだ。

その二、崖から落ちる。子供のころ、アメリカのテレビアニメで、崖から落ちて、途中の枝にひっかかって助かるという場面をよく見た。まさかそんなことが本当にあるとは知らなかったし、自分が当事者になるとは夢にも思わなかった。ある冬の日、山梨県の山奥にルリクワガタの仲間を探しに出かけた。ルリクワガタは冬に朽ち木を割ると発見できるため、それが入っていそうな朽ち木を探して雪の積もる山の斜面を歩きまわっていた。夢中になっていたのだろう、気がつくと雪の斜面で足を滑らせて崖から転落していた。そのとき私は「やばい」と思いつつ、落ちながら冷静に下を見つめていた。すると、ちょうどよいところにポツンと木が張り出している。「そこだ」とばかりにその木につかまることができたのである。瞬間のできごとだったはずだが、何秒にも何分にも感じられた。ヒトの体が数メートルも落ちると、かなりの重力になるようで、枝につかまった瞬間の衝撃は激しいものだった。落ちてびっくりしたことよりも、もげそうになった肩と腕の痛みの方が大きく、それから痛みをこらえて崖を這いあがるのもたいへんだった。崖下は寒々とした渓流で、木がなければ冷たい川の底に叩きつけられるところだった。

その三、ヒトの遺体を見つける。千葉県の某所で珍しいゴミムシが採れ、同じく越冬中の個体を探して朽ち木を割って歩きまわっていたときのことである。朽ち木だと思ったものを割っていると、どうも朽ち木らしくない。鍬の刃が立たない。でもやっぱり朽ち木に思える。しかし、冷静に見たら、その朽ち木は左右対称で、靴下をはいていた。死蠟化したヒトの遺体だったのである。それがわかったときの驚きは忘れようもない。急いで警察を呼び、長い質問を覚悟したのだが、幸い、担当の方が元昆虫少年だったようで、何をしていたのかを説明するのに苦労せずにすんだ。後日、遺体の身元がその1年近く前に行方不明になった認知症の老人だとわかり、遺族にはとても感謝された。ところで、幽霊や霊感は信じないが、遺体を見つける前、その周辺が異様に緊迫した空気に包まれており、「なにかありそうだ」と直感し、身ぶるいがしたのを覚えている。これはいま思い出しても不思議な体験だった。

このように、野外調査ではいろいろなことに遭遇するが、幸い、これまで大きな怪我や事故はなかった。運が良いのもあるが、それは普段からできるかぎり慎重に行動していたからだと思う。また自然よりも怖いのは、ヒトである。交通事故に巻きこまれる話はよく聞くし、治安の悪い国では犯罪に巻きこまれることも少なくない。本書では触れなかったが、アフリカのカメルーンを訪れたときには少し怖い目にも遭った。とにかく、なにごとにも注意してしすぎることはないだろう。命あっての物種である。調査には安全第一で臨みたい。

分類学への興味と弟子入り

昆虫の標本は集めていたが、自分で図鑑や雑誌を見て、すべて我流でやっていた。学部3年生になって虫の研究をしたいが、卒業論文で何を課題にしようか悩んでいたとき、環境調査のアルバイト先に東京農業大学出身の方がいて、まずはいろんな虫屋と知り合いになるといいとのことで、同大学の昆虫学研究室に連れて行ってくださった。そのときに岡島秀治《しゅうじ》さん（先述の『世界の甲虫』の著者の一人）にお会いすることができ、いまでも付き合いの深い同世代の虫屋と知り合った。思い返すと、そのとき初めて虫屋の世界というものに触れた。岸本年郎《としお》さん、佐藤陽路樹《ひろき》さん、橋村正雄さん、新井浩二さんなど、いまでも活躍する虫屋と知り合った。いまでこそ自分を昆虫研究者と言うことに多少の自負があるが、当時はまだまだ経験が浅く、漠然と「こんなふうに昆虫に詳しい人になりたいな」と感じていた程度だった。

またそのころ、アルバイトで昆虫を同定していくなかで、交尾器を見たり、近似種の見分け方を勉強したりしていくうちに、分類学の面白さに興味をもちはじめた。アルバイト先のその方が、「千葉県立中央博物館の直海俊一郎さんがハネカクシの分類では相当すごいらしいよ」と教えてくれた。ちょうどそのとき、当時同館にいた両生爬虫類専門の長谷川雅美さん（現東邦大学教授）が集中講義にいらしており、昆虫の分類をやってみたいと相談したところ、直海さんに話しておくと言ってくださった。

昆虫のなかでは甲虫、そのなかではとりわけゴミムシが好きだったが、とくにこだわりはなく、何かの分類をしたいと思っていた。いま思えば当然だが、最初に直海さんにお会いしたときに、すぐに研究材料はハネカクシと決まった。

若者の心は移ろいやすいと言っては勝手すぎるが、ああまでして固めた大学進学時の決心はどこ吹く風、卒業研究は千葉県立中央博物館でハネカクシの分類をやることにした。学外で卒業研究をすることを勝手に決めたため、大学の先生方に叱られ、同時にご心配もおかけしたが、自分で大あわてであちこちに交渉して何とかできることになった。

1996年のこと、3年生の3月から博物館に通いはじめた。初日に直海さんから「君にはこれをやってもらおう」と渡されたのは、ヒメキノコハネカクシ属 *Sepedophilus* の2・5〜3

ミリメートル程度の微小種がぎっしりと詰まった標本箱8箱だった。米粒よりずっと小さな虫がぎっしりと箱に並んでいる。最初に見たときにはゾッとし、帰宅してからは夢にうなされた。しかしやるしかない。それからは標本とにらめっこし、大雑把な仕分けをおこない、その後は解剖と絵描きを続けた。米粒より小さい虫から交尾器を抜き出すのが解剖の作業になる。米粒に字を書くとよく言うが、それよりもずっと細かい作業である。

研究をはじめてすぐ、外見はほとんど同じ種で、交尾器を見てみるとまったく違うということを経験した。標本群のなかに新事実を見出し、種分化などについていろいろな想像をめぐらすことが面白くてたまらず、夢にうなされたのが嘘のように、楽しい研究に一転した。ヒメキノコハネカクシの分類だけでなく、直海さんには本当にいろいろなことを教えていただいた。そして私は砂に水がしみこむようにそれらを吸収していった。

また博物館には、ハチ専門の宮野伸也さん、カミキリムシ専門の斉藤明子さん、トビケラ専門の倉西良一さんもおり、多くのことを教えていただくとともに、ずいぶん可愛がっていただいた。皆さんの様子を見て、博物館の仕事というのがどういうものかを少しだけ知ることができたのも、自分の将来を考えるうえで良かったと思う。

この卒業研究は、27種を扱った分類学の5本の論文として直海さんの主著で発表された(Naomi & Maruyama, 1997など)。自分が教員の立場になってみると、学生が大部分の作業をしたのであれば、その学生を主著にしてしまうだろう。しかし、手法を私に教え、主著者がもつべき「実力」を使ったのは直海さんである。また、もし研究開始早々に5本もの論文が主著として出てしまっていたら、調子に乗りやすい私はきっと何かの勘違いをしてしまっただろう。その点でも直海さんの指導はきわめて適切だった。

大学院受験

4年生になって大学院への進学について考えなければならなくなった。昆虫分類学では北海道大学と九州大学が伝統ある東西の双璧である。現在各地の大学にある昆虫学の研究室も、多くはどちらかの大学の出身者が基礎を作った。考えるよりも先に答えは決まっていた。直海さんの出身大学院ということで、九州大学農学部の昆虫学教室を受験することになった。

結果はダメだった。もちろん学力が足りなかったことが原因だが、当時はいまほど大学院の進学が身近なものではなく、それなりの学力を必要としたこともたしかである。そのときは3人受験して3人とも落ちた。大学院重点化で大学院進学の門戸が広がったのはその2年後である。

結果発表の後、当時の教授で、ゾウムシの大家の森本桂先生から「虫採りばかりして勉強していなかったにちがいない」と直海さんを通じてお叱りの手紙をいただいた。また、受験当日に当時助手だった紙谷《かみたに》聡志さん（現准教授）に豚骨ラーメンを食べに連れて行っていただいたり、受験した3人で博多湾の能《の》古島《このしま》へヒラタクワガタを採りに行こうとして、悪天候で船が欠航し、港でがっかりしたりしたのもいまとなっては楽しい思い出である。無論、受験のついでにクワガタムシを採りに行こうとする時点で、3人とも気が緩んでいたとしか言いようがない。

翌年、3人のうち1人はもう一度受験して九州大学に合格した。私は紆余曲折を経て、こんどは北海道大学を受験して無事に合格することができた。

4年生の夏に大学院の浪人が決まってからは必死に勉強した。英単語帳を数冊やりなおしたり、多数の英文を読んだり、特に英語に力を入れた。大学受験から離れて、英語に縁の薄くなっていた私にとって、この勉強は大学院での論文講読や執筆など、のちのちまで役に立った。

佐倉市の昆虫相の調査

浪人中、勉強とヒメキノコハネカクシの研究を進めると同時に、東邦大学の後輩だった佐野正和君（現北海道農業研究センター上級研究員）と千葉県佐倉市内の昆虫相を調べることになった。佐倉市は千葉県北部の平地で、いわゆる里山に近い環境が多い。この調査は斉藤明子さんに依頼された千葉県立中央博物館の委託事業で、シダクロスズメバチ *Vespula shidai* Ishikawa, Wagner & Yamane, 1980 に名を残す信太《しだ》利智《としのり》さんとの共同調査でもあった。

これは勉強の良い息抜きとなり、1地域（といっても広いが）の昆虫を徹底的に調べるのはそれ自体が良い勉強になった。週に1、2日、とにかくあらゆる手段を使い、さすがに微小なハエやハチは採集していないが、肉眼で目につく虫は手当たり次第に採集した。結局、1年間弱で1万頭以上の昆虫を採集し、すべて標本にした。

このときの調査で、甲虫だけで１０２４種も採集した。主に田畑からなる深い森もない平地環境で、1年間でこれだけ採集できれば十分だっただろうと思うし、若かったからこそ気力と体力で採集できたのだと思う。調査をはじめたときに、在野甲虫研究家の重鎮から「烏合の衆で調査しても仕方ない」と言われ、奮起したこともある。

採集した甲虫のなかには、全国的に珍しい種も多数含まれ、それらを調べていくうちに、平地環境の昆虫の全国的な希少性を詳しく知ることができた。とくに、クマガイクロアオゴミムシやオオイチモンジシマゲンゴロウなど、平地の湿地に依存し、関東地方では絶滅の危機にある種は特筆すべきものだった（丸山ら、２０００）。このときの経験は、現在委員として参加している環境省のレッドデータブック作成の際にたいへん役に立っている。どんな経験が将来役に立つかわからないものだ。

また、このときはハエ類の大家だった加納六郎先生（故人）の報文を読み、そこに出ている方法で標本を作りつつ、ハエ類を採集した。この標本は斉藤明子さんを通じて加納先生に見ていただき、「佐倉市のハエ類の記録」（加納ら、１９９９）としてまとめられた。その際に加納先生から標本の作り方についてお褒めの手紙をいただいて、それが何ともうれしかった。ハエ類にも興味をもち、美しいと思えるようになったのは、それ以来のことである。

久米島での驚き

北海道に渡る直前の3月初旬には、一人で南西諸島に渡った。そのなかでもとくに久米島での調査は自分にとって思い出深いものとなった。キクザトサワヘビやクメジマボタルのような変わった固有種の存在により、久米島は以前から気になる場所だった。晩春から初夏の調査は比較的なされているので、多くの新発見を期待し、まともに調査されたことがないであろう3月に久米島を訪れたのは、結果からして大正解だった。まだ寒く雨がちで淋しかったが、期待通り、いくつかの新発見があった。

久米島で記録のなかったゴミムシダマシ科 Tenebrionidae のヒョウタンキマワリ属 *Eucrossoscelis* の甲虫を土をふるって採集し、その標本を当時大妻女子大学の教授をされていた益本仁雄《きみお》さんにお渡ししたところ、すぐにクメジマヒョウタンキマワリ *E. maruyamai* Masumoto, 1999 という新種として発表してくださった。その後も益本さんとのお付き合いは続き、いくつかの新種に私の名前をつけていただいたが、この種は私にとって初めて自分の名前のついた虫であり、たいへんうれしいものだった。

また、久米島では毎晩灯火採集をしたが、ある夜、図鑑で見たことのない大きな雌のヒゲコメツキの一種が飛んできて度肝を抜かれた。その後、昼間の掬い網（sweeping　草むらや木の茂みを網で掬うこと）で雄を追加できた。久米島で採集した虫のなかで、一目でまちがいなく新種とわかった唯一の大型の甲虫である。雌は39ミリメートルもあり、おそらく日本のコメツキムシでは最大級と思われる。この標本はコメツキムシ研究家の岸井尚《たかし》さんにお送りし、クメジマヒゲコメツキ、学名は *Pectocera maruyamai* Kishii, 2001という光栄に浴した。

久米島での調査は、人のやらないことをやれば、相応の成果が得られるという鉄則を胸に刻みつけてくれた。

コラム●採集法の奥深さ

昆虫採集というと、子供が網を振りまわしてたまに珍しいものが採れる程度のものだと思っている人が少なくない。しかし、日本だけで3万種以上、世界で１００万種以上も知られている昆虫が、それぞれ違った生活を送っていて、異なった分布をもっている。おのずと昆虫採集のとんでもないほどの奥深さが想像できるはずである。偶然に珍しいものが採れることもあるが、昆虫採集の基本的な方法を知ったうえで、対象とする昆虫の知識をもって採集に臨まなければ成果はあがらないし、ましてや新種や未記録種を採るには、近縁種の生態や分布を熟知し、そのうえで難解な推理小説を読み解くような仮説検証が必要である。

　ここで一例をあげよう。シベリアの東部で、日本では知られていないハネカクシの記録があったとする。昆虫の分布の傾向を知る人であれば、シベリアの東部に分布する昆虫は、北海道の高山帯や道東地方、道北地方に共通する場合があるので、日本にも分布しているのではないかと想像する。そして、そのハネカクシに興味がある人であれば、「よし、北海道で狙ってみよう」と思うわけである。

　次に、そのハネカクシの生態が不明な場合、ヨーロッパ産の近縁種の情報を調べる。ヨーロッパ産の甲虫は詳しい生態がわかっていることが多く、北海道産種では、環境と気候の類似から、ヨーロッパ産の近縁種と共通の生態をもつことが少なくないからである。そして、湿地のアシの根際に生息し、6月ごろ出現することがわかったとする。アシの根際にすむ甲虫を採集するには、胴長を履いて湿地に入りこみ、アシを踏み倒せば水面に浮いてくる。さらに、過去の論文を調べても、道東や道北でそんなことをやった人はいままでに誰もいなかったとなると、道東地方でそのような調査をおこなう価値があるというものである。

　このように、未知の虫を採集するには、人のやらないことをやるのが肝要であり、それには右にあげたような知識と情報収集能力、実行力がともなう（ちなみに、この例は昆虫に詳しい人には常識的なことで、まったくありふれた方法論である）。

　また、これを言ってしまうと元も子もないかもしれないが、昆虫採集家のなかには、小松君や島田さんのように、「野性の勘の鋭い人」「目のいい人」、さらには「信じがたく運のいい人」もいて、そのような人たちは理屈抜きにすごい虫をどんどん採集してしまう場合もある。そのような人に先んじて珍種を採集するには絶え間ない努力が必要であり、それが採集の熟達へとつながる。なお、私はどちらかといえば感覚の鈍いほうで、地道な努力の半分くらいが報われているような気がしている程度である。採集の上手い人を見ると心からうらやましく思い、また手放しに尊敬してしまう。

虫と青春

北海道へ

住み慣れた東京を後にしたのは１９９８年の３月末だった。３月とはいっても、北海道はまだ東京の真冬以上に寒い。標本箱を満載した車に乗って苫小牧《とまこまい》港に着岸したフェリーから降りたときの寒さと新天地への不安はいまでも覚えている。

また、北海道大学農学部の建物の神々しいまでの迫力も衝撃として記憶に残っている。それから5年後に卒業するまで、私は毎日建物を見上げ、その中で研究ができることをありがたく思ったものだった。

当時の研究室には、教授の諏訪先生、助教授の秋元さん、助手の大原さんという、思い出しても個性的で楽しい先生方がおり、カイガラムシの研究で著名な高木貞夫名誉教授も解剖の作業に通われていた。

また、先輩方も、錚々《そうそう》たる面々だった。博士課程の３年生だけでも、坂巻祥孝《よしたか》さん（現鹿児島大学准教授）、池田英司さん（現医師）がおり、同学年で当時一般企業に勤められていた立田晴記さん（現九州大学教授）もしばしば研究室を訪れていた。坂巻さんの真摯な研究姿勢、いた。

研究室は3階と4階に分かれ、4階は教員の滅多に来ない「閉ざされた空間」になっており、そこで多くの学生が良くも悪くも互いに影響し合って「熟成」されていった。

最近の学生はあまり酒を飲まないが、当時の学生はとにかく飲んだ。何か理由をつけてはほとんど毎日のように飲み、空が白むまで飲んだことも数えきれないほどだった。

また、これも最近の学生はあまりしないことのようだが、とにかく互いに言いたいことを言い合った。もともとは言い合いなのだが、白熱するあまり喧嘩のようになることもしばしばだった。当時、一種の流行のようになっていた「分類学は科学か」という言い合いも、研究室内で分類屋と生態屋の間で対立構図が生まれ、互いに相手を上手く言い負かそうとすることで考える力と説明する力が養われたと思う。

学振と就職の壁

「世のなかは金だ」とは露ほども思わないが、やっぱりお金がないと生きてはいけない。

私が修士1年のときに池田さんが学振の特別研究員として研究をしていて、池田さんからは学振特別研究員になることの利点を常日頃から説かれた。当時、バブル景気の崩壊によって実家の自営業の業績が悪化し、博士課程からは食うや食わずになる予定だった私は、藁にもすがる思いで特別研究員を目指した。最初のほうに書いたように、採用のあかつきには給与が支給され、豊かではないにせよ、生活が保障されるからだ。

その翌年に学振特別研究員の「ＤＣ1」（博士1年から受給される最初の段階）に応募し、無事に通過したが、それからは同じ制度の次の段階である「ＰＤ」を目指し、そのあとは「海外特別研究員」を目指すことになった。就職するまでの研究生活は、この学振のために努力してきたようなものだった。しかし、学振特別研究員採用の審査には、たくさんの論文を出版していることがもっとも効果的とされており、そのために論文の量産に力を入れてしまい、時間のかかる良い論文が学生時代に書けなかったのは心残りである。たくさんの論文を書いて執筆の場数を踏むのも大切だが、もしお金が十分にあるのであれば、若いうちに時間をかけた大きな論文を書いたほうがいい。

28歳で博士号を取得し、北海道大学の大学院を無事に卒業した私は、２００３年に東京に戻り、学振特別研究員（ＰＤ）の博士研究員として国立科学博物館に在籍していた。しかし、２００６年の3月にその任期が切れることになっていた。その先がまったく見えなかった。研究者にとって、「研究職への就職」というのはあまりにも険しい山道であり、多くの場合、登るに登れないツルツルの坂道である。２００６年の3月は私にとっては恐ろしい「終末」だった。

まずは、ただひらすら公募（大学の人事に空きができたときの募集）を探し、それに応募するしかなかった。国立科学博物館にいた3年間にいったい何回応募しただろうか。おそらく15回以上は履歴書や応募書類を作成し、投函した。もちろん、そのたびに「ご期待に添えず……」という落選の通知を受け取った。

とにかくどうやったら就職できるかを必死に考えていた。論文もたくさん書いたが、著書があると評価が高いだろうとも考えた。ちょうど甲虫に関する学術的な読み物がほとんどない現状で、一般の読者向けに何か良い本が作れないものかと考えており、『森と水辺の甲虫誌』（東海大学出版会）という本を２００６年に出させていただいた。これは日本国内の著名な甲虫研究者の方々に執筆していただき、僭越ながら私が編著という形をとらせていただいた。

毎年おこなう学会発表には気を付けた。会場にいつかどこかで私を審査する人がいないとも限らないし、面白い発表は評判を呼ぶかもしれないと考えたからである。毎年、１か月前には発表のスライドを作り終え、それからは構成を練りに練り、何十回も練習を重ねた。おかげで発表は良い評価をいただくようになり、やがて会場には立ち見が出るほど多くの人が集まるようになった。努力しても報われないことは多いが、学会発表は日ごろの努力がすぐに手応えとして返ってくる数少ない機会だった。

葛藤、そしてシカゴへ

突然、契機は訪れた。お二人の重鎮に推薦していただき、２００５年の秋にとある地方の博物館からお声がかかったのである。

ところが、運命とは単純なものではなかった。その内々定をいただいた直後、私が一生の仕事の一つとして決めていたヒゲブトハネカクシ亜科の高次系統で、その大家の一人であるアッシェさんが58歳の若さで亡くなった。そしてときを同じくして、応募していた学振海外特別研究員の内定通知がきたのである。

私は日ごろからアッシェさんの研究を尊敬しつつも、いくつかの批判的な意見を抱いていた。そこで、シカゴにあるフィールド自然史博物館（Field Museum of Natural History）でヒゲブトハネカクシ亜科の高次系統に関する自分なりの見直しを画策し、海外特別研究員に応募していたのである。しかし、海外特別研究員は全国からわずか１００人程度が選ばれる狭き門であり、採用されることは端から予定に入っていなかった。

アッシェさんの訃報、海外特別研究員の内定、それにアッシェさんの研究に対抗する課題を計画していた私は、「アメリカで研究しろ」と天啓を受けた気がした。

にもかかわらず、これから先にそうそうないであろう博物館への内々定がある。アメリカ留学の機会もこれから先あるかどうかわからない。まさに人生の岐路に立たされることになった。

　結局、悩みに悩みぬき、私はシカゴに渡ることとなった。博物館への内々定を辞退することでは多くの方に迷惑をかけてしまい、これはいまでも思い出すたびに申し訳ない気持ちになる。

　２００６年の３月から10月までの渡米準備の半年間を国立科学博物館の研究生としてお世話になり、シカゴへと飛び立った。国立科学博物館には3年半も籍を置かせていただき、20代の最後、つまり青春の終わりを過ごした思い出の場所となった。その間、実に多くの人と知り合い、お世話になり、いまでも続く大切なつながりができた。とくに、クジラ研究者の田島木綿《ゆう》子《こ》さんやモグラを研究する川田伸一郎さんなど、さまざまな分野の同世代の動物研究者と知り合えたのは、楽しくも幸せなことだった。

　フィールド自然史博物館には、アルフレッド＝ニュートン（Alfred F. Newton）さん、マーガレット＝セイヤー（Margaret K. Thayer）さん［図４-１］という世界的に著名なハネカクシ研究者のご夫妻がおり、世界に生息するハネカクシの約半数の種の標本を収蔵している。ハネカクシを研究するには世界最高の環境が整っていると言っても誰も反論しないだろう。

　シカゴでの生活はすべてが新鮮だったが、同時につらいことも多かった。契約社会、人種差別の問題、食事、治安など、やはり慣れないアメリカという土地での生活は、なにもかもがたいへんで、とても苦労した。

　しかし、たっぷりとある時間のなかで、生態や進化関係の論文を読み漁り、形態学的な研究

図4-1 アルフレッド＝ニュートン（Alfred F. Newton）さん（中）とマーガレット＝セイヤー（Margaret K. Thayer）さん（右）とともに。

をじっくりとできたのは、今後一生訪れないであろう貴重な時間だったし、世界的な博物館を内側から見るというのは、またとない経験だった（日本の博物館の不遇な状況をよく理解することができた）。また、アルさんとマーガレットさんは本当にすばらしい人柄で、世界の研究を牽引する大物の姿はこういうものなのかと学び、研究者として少しでも近づければと感じた。

海外学振の期間は2年間である。1年が過ぎ、あと1年かと焦りはじめたとき、思いがけず現在の職場である九州大学総合研究博物館の助教に就職が決まった。33歳のときだった。採用内定の知らせがきたときには、恥ずかしいことではあるが、いままでの不安が解消されたことや、これまでのさまざまなできごとを思い出し、男泣きに泣いたものだった。

思えば23歳から33歳という、多くの若者が社会でさまざまな仕事を学んだり、恋愛をしたりする時期、私は虫の研究に大部分を費やした。その結果、一般社会人とはかけ離れた感覚に悩むこともいまだに少なくない。もちろん、研究という独創的な作業においては、常識にとらわれることはかえって良くない面もあり、研究しか知らない人間というのもそれはそれで貴重かもしれない。青春を虫に捧げた自分を振り返ると、非常に恵まれていたことはたしかであるが、これらの点で反省と複雑な思いもある。

コラム●在野研究者と職業研究者

これまでの私の研究はかなりの部分が在野の愛好家や研究者に支えられてきた。これは昆虫分類学全般に言えることで、昆虫愛好家による野外調査や標本の集積がなければ、日本の昆虫の多様性解明がずっと遅れていたことはまちがいない。

また、在野研究者のなかには、本格的な分類学に従事する人がいて、われわれ職業研究者と同等かそれ以上の研究をする人も少なくない。とくにヨーロッパにはたいへん能力の高い人が大勢おり、世界に通じる研究を展開している。日本にも優れた研究をする人はいるが、現在そのような人は団塊の世代前後かそれ以前の世代の方々に限られ、なぜか50代より若い人たちにはほとんどいない。

ある人は「蜜月」と呼んだが、30年以上前には在野の愛好家にも収集から一歩踏みこんだ研究に興味をもつ人が少なくなく、職業研究者の人たちがそのような在野の研究者を育て応援してきた。それが日本の昆虫分類学全体を盛り上げてきた。しかし、いまの時代は在野の愛好家のなかにも記載分類をはじめようという人は滅多にいないし、職業研究者もそのような人たちと積極的に接する時間的な余裕がなくなってきた。社会全体が忙しすぎるのだろうし、景気悪化により、多くの人が顕微鏡を揃えるなどの金銭的な余裕もなくなってきているのかもしれない。

これに関して、私には夢がある。それは、30年前のように、多くの若い愛好家に記載分類をおこなう環境を整え、在野の分類学者を育てることである。幸い、いまは文献の収集や外国から標本を取り寄せることが昔より格段に容易になり、はじめようと思えばすぐに研究がはじめられる。「自分で新種を記載する」「論文を書いて出版する」というのは、自分の名を後世に遺すことができるという点で、趣味としては非常に魅力的なはずである。しかも、多くの人で手分けして分類を進めていかないと、いつまでたっても日本の昆虫相が解明されない現状を考えると、そのような人は社会に必要とされてもいる。あとは本人のやる気次第で、そこには新しい世界が待っている。問題は忙しくなる一方の職業研究者であるが、生物の多様性解明を任務とすれば、「仲間を育てる」この仕事は楽しく意義深い仕事になるに違いない。我こそはという方はいつでもどうぞ。

生き物の多様性のすばらしさを伝えたい

分類学にはさまざまな意義があるが、その一つに生物多様性の理解がある。生物の多様性を説明するとき、遺伝的な多様性、種の多様性、それに生態系の多様性の三つをあげ、それらが相互に関係しているとすると考えやすい。このなかで遺伝的な多様性は本質的なものであるが、いかんせん目に見えにくい。生態系の多様性は複雑な相互関係において成り立っており、解釈は容易でない。その点、種の多様性というのは、さまざまな点で、実にわかりやすいものである。分類学は、もちろん人によって考え方は異なるが、種の多様性解明から生物多様性を理解しようとする学問だと私は思っている。

現在、世界各地で急速に自然環境が失われつつあり、毎日のように多数の生き物が絶滅していると推測されている。その傾向はもともと生物種の多様な熱帯地方でとくに著しく、実際にボルネオ島やジャワ島などを訪れると、見渡す限り油脂原料のアブラヤシや天然ゴム採取用のパラゴムノキの畑となっていることに愕然とする。それらは一見、緑あふれる世界だが、実情は生き物のきわめて少ない不毛の地である。生物種によってはきわめて狭い分布域と限られた生息環境に暮らしており、そのような開発が種の絶滅につながっていることはまちがいないだろう。当然これらの地域だけでなく、南米やアフリカでも同じようなことが進行しているし、日本でも多くの生物の生息環境の消失はとどまるところを知らない。

　残念ながらこのような事態を早急に食いとめる効果的な手段はない。基本的な前提として、豊かな生活を送っている人が、木を糧にしてようやく生活している人に木を切るなとは決して言えないからである。しかし、手をこまぬくだけで、何もできないわけではない。たとえば開発地域における普及啓蒙活動や、ある場所の不当な開発の阻止を訴える運動など、やろうと思えばやれることはあるはずだし、むしろそのような積み重ねこそ唯一の自然を守る手段なのかもしれない。

　その原動力となるものはなんだろうか。生態系の大切さへの理解ももちろん重要だが、生き物への慈しみが決して小さくない働きをみせると私は思っている。慈しみとは、生き物がいなくなることの淋しさと悲しさへの想像力でもある。その感情を多くの人で共有できたら、それはとても大きな力になるはずだ。実際、過去に開発を阻止してきた運動には、そのような感情からはじまったものが少なくない。しかし、その生き物の存在や生活の様子を知らなければ、そのような心が生まれるはずはない。そこに種の多様性への理解の必要性が生じてくる。

　これまでに紹介してきた生き物は、世間の大多数の人々の生活には一切関係がないし、いなくなったところで痛くも痒くもないと思う人がほとんどだろう。しかし、少なくとも私にとっては、いなくなると困る、いなくなると淋しい生き物ばかりである。その存在価値はトキやパンダと変わるところはない。それは私がその生き物のことを少し詳しく知っているからこそ生じた感情でもある。

　また生態系はさまざまな生き物が相互に関係しあって、絶妙な平衡感覚のもとに成り立っている。だからある生き物がいなくなり、またいなくなり、歯抜けのようになっていくと、だんだんとその関係はうまく立ちゆかなくなっていき、やがてそれは生態系の大きな変化につながる。アリの巣にすむ生き物も、生態系を織りなす生き物の一員として、何らかの役割を担っているはずである。人によっては、微細な生息環境にすむ生き物が少しくらいいなくなったところで、環境に変化は生じないと言うが、その生き物の本当の役割がわかっていないところで、そんなことは決して口にしてはいけない。もとより、それぞれの生き物の環境への役割には大小はあるかもしれないが、その大きさの違いに線引きはできない。

これまでの野外調査の経験で、さまざまな生物種や自然環境の悲しい現状をいやというほど見てきて、そこに私の研究している学問がどのような役割を果たせるかを考えてきた。そこで私は、分類学の目標として、あるいは過程の一つとして、「生物多様性のすばらしさ」を世に伝えることを常に念頭に置いて研究するようにした。「すばらしさ」というのは曖昧かもしれないが、それは生き物の面白さだったり、健気さだったり、美しさだったり、言うなれば私の感情が揺さぶられるところのものである。それを多くの人に知ってもらうことが、きっと先にあげた原動力につながると信じている。それには、何よりその生き物をよく知ろうとし、深く愛していなければならないが、その点には多少の自信をもっている。というよりも、自然環境の変化の切迫した現状に対して、私にはこのようなことしかできない。

生き物を研究材料として割り切って研究している人も少なくないし、研究においてそのように推奨する向きもある。私には決してそれができないし、どちらかといえば研究材料に惚れこんでいるような人に共感を覚える。とくに現在の職についたいま、生物多様性のすばらしさを人に伝えることが目標となって、生き物に対する愛着をもち続けて良かったと思っている。

私はこれからもアリの巣を求めてあちこちをめぐりめぐるだろう。そして新しい発見をするたびに、その感動を人に伝えたいと思っている。ああ、なんと楽しみなことだろうか。

［新書版追記］

アリの巣をめぐるその後の冒険

あれから12年

その後の活動

本書で紹介した多くの研究はいまでも継続しておこなっている。そのなかでもっとも重要な成果は、２０１７年に出版され、世界各地のアリ型のヒゲブトハネカクシの進化を調べたものである（Maruyama & Parker, 2017）。ヒゲブトハネカクシ亜科で、アリそっくりの種（あるいは系統）が多数いるのだが、それらが十数回にわたって独立に進化したというのがその内容である。成果の詳細は世界各地での昆虫採集の様子を紹介した拙著『昆虫こわい』（幻冬舎新書）で説明しているので、ぜひご一読いただきたい。

また、本書の初版が刊行された少し後、『アリの巣の生きもの図鑑』（東海大学出版会）を出版したことは、日本の好蟻性昆虫の研究における重要な成果ではないかと思う（丸山ら、２０１３）。残念ながら紙版は絶版となってしまったが、電子版は幻冬舎より出版されている。

大学博物館という職場の性質もあり、とくにここ10年ほど、私の仕事も研究や教育、標本管理に加え、普及啓発の比率が非常に大きくなってきている。私のおこなう普及啓発には展示や講演、書籍の出版などがあるが、展示については毎年のように大きな展示を主催あるいは監修している。とくに２０１８年に国立科学博物館でおこなわれた「特別展　昆虫」では、これまでの経験をもとに企画と監修に加わり、充実した展示をおこなうことができたと思う。

出版に関して近年のいちばん大きな仕事としては、学習図鑑の制作があった。学習図鑑といえば、子供のころに読みふけり、それがあったからいまの私があると言えるものである。２０２１年に『角川の集める図鑑ＧＥＴ！昆虫』と２０２２年に『学研の図鑑ＬＩＶＥ　新版　昆虫』の２冊の図鑑を総監修という立場で制作した。どちらも主体的に制作に関わったという点で、とても大切な経験と思い出になった。これもまた手前味噌で恐縮だが、拙著『昆虫学者、奇跡の図鑑を作る』（幻冬舎新書）で詳しく紹介しているので、お読みいただければ幸いである。

また、２０１６年から始まったＮＨＫラジオ「子ども科学電話相談」への出演も、やりがいを感じる仕事の一つである。幼児から小中学生まで、さまざまな年齢の子供たちの素朴な疑問に答えている。同じく子供に対する解説として、毎日小学生新聞で、２０１９年から毎週「まるやま昆虫研究所」という連載を3年間おこない、２０２３年からは「まるやま昆虫相談所」という連載をおこなっている。これらは面白いのだが、同時にとてもむずかしい。しかし、ある意味、サイエンスコミュニケーション（嫌いな言葉だが）の最もむずかしい部分の一つに取り組んでいることにもなり、他の書籍の執筆や展示の解説などの際の説明にもこれらの経験は大いに役立っている。なお、私が子供のときに読みふけった多くの図鑑の著者に、当時多摩動物公園昆虫園の矢島稔さんがいたが、「子ども科学電話相談」は矢島さんの後釜として担当することになった。これにはなにか運命のようなものを感ぜずにはいられない。

いくつかの研究成果

最後に、せっかく新書版が出ることになったので、附録として、目に楽しいものを選び、その後の研究をいくつか紹介したい。ここに紹介するもののほかにも、最近では優秀な学生たちにめぐまれ、私も気になっていたさまざまな問題（とくに分類学や系統学的な内容）が解決しつつある。学生たちの独創的な課題や、私の研究とは直接関係のない研究内容を指導することも、大きな楽しみになっている。すでにたくさんの成果が出ているが、それらの踏み込んだ内容の紹介は、学生たちが研究者として社会に出たときに自らおこなってもらえるよう、残しておきたい（ただし、本書に関係ある部分は、本文中に新書版注を加えて説明している）。

さて、一つは２０１４年に発表したもので、２００７年にタイで調査をおこなったときに採集したものの成果である（Ｐ１５３以下参照。Maruyama *et al.*, 2014b）。私の研究の本丸の一つであるヒメサスライアリと共生するハネカクシの論文で、２新属３新種を発表している。２つの新属のうち、一つはアリ型で、もう一つは扁平でとんでもなく不思議な姿をしている［図5-1］。あまりにやるべきことが多いので、この論文のように採集から長い年月を経てやっと

図5-1 タイで発見した2新属新種 *Aenictosymbia cornuta* Maruyama, 2014（左）と*Aenictoxenides mirabilis* Maruyama, 2014（右）（筆者撮影）.

出版というのが私にはよくある。

２０１６年には小松さん（いまだに相棒で、小松君と呼んでいたが改める）とテレビ番組「情熱大陸」の取材中にタイで発見したダエンゴミムシの新種 *Cryptocephalomorpha siamensis* を発表した［図５－２］。形態とオーストラリアでの生態の記録から、このなかまがアリと共生することは推測されていたが、アジアでは初めてのアリの巣からの発見となった。オサムシに近いのだが、そのなかまとは思えない姿をしており、アリの攻撃から身をまもりつつ、アリの巣内のごみなどを食べているようだ（Maruyama *et al*, 2016）。

２０１８年には、沖縄の在野研究者である名嘉《なか》猛留《たける》さんと、彼が発見したアジア２例目の洞窟性のアリであるガマアシナガアリ *Aphaenogaster gamagumayaa* を一緒に発表した［図５－３］。石川

図5-2 ダエンゴミムシの一種 *Cryptocephalomorpha siamensis* Maruyama, Komatsu & Sakchoowong, 2016 の背面（左）と腹面（右）（筆者撮影）.

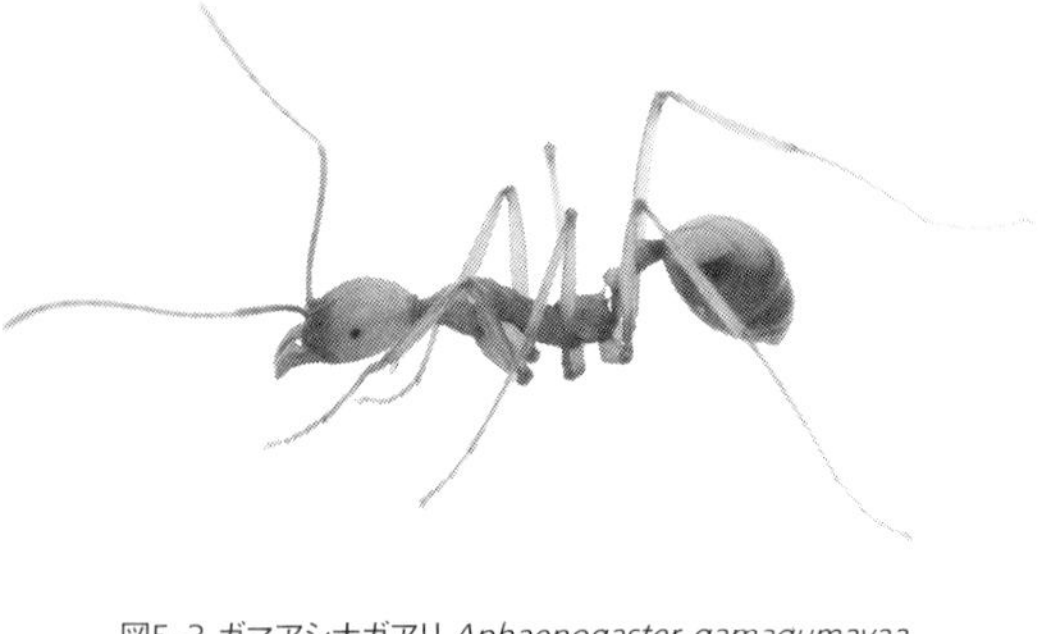

図5-3 ガマアシナガアリ *Aphaenogaster gamagumayaa* Naka & Maruyama, 2018（島田拓撮影）.

忠さん（P81）と一緒にかなり昔に沖縄に行ったときにお会いした方で、突然連絡をくださったと思ったら、論文の執筆指導をして欲しいという。コラム（P268以下）に書いたように、在野の人に論文を発表してもらい、その楽しみを知っていただくことも私の大切な活動の一つなので、喜んでお引き受けした。その後はこれまでに本書に書いたような作業を一緒におこなったわけであるが、名嘉さんはとても熱心かつしっかりと研究して下さり、とても良い論文になったと思う（Naka & Maruyama, 2018）。名嘉さんとはいまでもその延長線上にある研究を一緒に進めている。

　また、国際共同研究として、アメリカの系統学の大家であり、ミズギワゴミムシの専門家である David R. Maddison（デヴィッド＝マディソン）さんとおこなった海岸性のミズギワゴミムシの系統進化の研究も思い出深い。私が研究材料や生態情報を提供したのだが、ミズギワゴミムシのなかで海岸性で似た形態のものが何度か進化したことがわかった（Maddison & Maruyama, 2019）。一部は国内の愛好家の方に提供していただいたが、海岸のハネカクシを採集するついでに調べていた分類群で、思わぬ成果につながった。

　同じく海外の研究者との共同研究で、チェコ人の長年の友人であるフラバチェ（P72）とおこなった、アリの巣にいる変わった形態のアリヅカムシであるヒゲブトアリヅカムシ上族の系統進化も、なかなか楽しい研究だった。とにかく珍奇なものが多く、眼福な甲虫だが、この研究によって分類も大きく改変した［図5-4］。いずれも、いろいろな昆虫を採集していると、研究の枝葉が広がることを示す例である。

学生の話はしないと言ったが、面白い話があるので最後に紹介したい。柿添翔太郎君という高校生のころから私の研究室に遊びに来ていた学生が私の研究室に進学してくれた。その彼とは世界各地に出かけたが、あるときマレーシアに行ったとき、「今回、ヒラアゴクワガタを採りたいです」というのである。ヒラアゴクワガタ *Torynognathus chrysomelinus* Bomans, 1986 というのはアジア屈指の珍種のクワガタで、生態は完全に謎に包まれている。そんなものが採れるはずがないと、私や同行の他の学生は一笑に付したのだが、なんとその直後、柿添君は本当にそれを採集したのである。しかもアリの巣からたくさんの個体を発見するという、信じられないような「事件」で、アリと共生するクワガタとしても世界で2例目の記録となった（Kakizoe *et al.*, 2023）［図5-5］。体の側方にたくさんの毛が生えた変わった姿のクワガタで、この研究で系統関係を調べたところ、日本にもいるネブトクワガタのなかまに近いことが検証された。採集したとき、そのあまりの幸運に帰りの飛行機が落ちる心配をしたという笑い話もある。

いずれも楽しい思い出だが、こんなことがたくさんあり、なんと幸せな研究人生だと思う。普及啓発に関しても、まだまだやりたいことは山ほどある。元気なうちにもっと勉強し、できるだけたくさんの「冒険」を続けていきたいと思っている。

図5-4 実はヒゲブトアリヅカムシではないことがわかったアリヅカムシの一種 *Colilodion* sp.(筆者撮影).

図5-5 ヒラアゴクワガタ *Torynognathus chrysomelinus* Bomans, 1986の雄(左)と雌(右)(柿添翔太郎撮影).

新書版あとがき

本書を東海大学出版会から出した当時、大学教員となって4年目で、原著のまえがきに「成長の機会は少なく」と書いたように、まだ学生のような気分が確実に残っていた。それからの12年はあっという間だったが、さまざまな経験、人との交流、いくつかの人生の山や谷を乗り越え、言葉にするのはむずかしいが、当時とは少しは違う人間になったのではないかと思っている。ただ、好きな昆虫に関する興味はそのまま変わらない。これだけはこれからも変わりたくない、失いたくない部分である。

仕事にもいろいろな変化があった。大きな点は、先ほど書いたように、私の仕事に普及啓発の占める割合が大きく加わったことである。そしてうれしいのは、ここ数年、12年前に出た本書を含め、私の本を読んだという研究者の卵に出会うことである。もちろん、そればかりを目的に書いたわけではないのだが、私の本をきっかけの一つとして、研究というものに魅力を感じてくれるのは実にうれしく、手ごたえを感じることである。そして一部の学生は私のところに進学してくれており、普及啓発活動のありがたい副産物だと感じている。

また、12年前に出た本書をきっかけに、さまざまな執筆依頼が舞い込んだ。とくに２０１３年に本書を読んだ編集者から『昆虫はすごい』（光文社新書）というタイトルで本を書かないかと言われ、「まあ、やってみるか」と思って書き上げたのがその本である。シカゴにいる間にたくさんの論文や本を読み漁ったのが、このとき役に立った。これが思いがけずベストセラーとなり、さらに本を執筆する機会が増えた。

学生以来、たくさんの方々のお世話になって、いまの自分がある。誰でもそうだが、それだけは忘れたくない。お世話になった人々は数多いるが、こと書籍の出版に関しては、当時東海大学出版会で名物編集者として活躍されていた稲《いな》英史《ひろし》さんには一生頭が上がらない。私の提案をいつも前向きに評価してくださり、世に出してくださった。今回の新書版の出版にあたっては、追加の校正をふくめ、幻冬舎の前田香織さんには多大なご尽力をいただいた。前田さんも私の活動のよき理解者であり、いつも厳しくも適切な指摘をして下さり、追記で紹介した新書２冊をふくめ、何冊かの本を世に出していただいた。また、島田拓さんと柿添翔太郎さんには、新書版に新たに図を提供していただき、吉田知《ち》里《さと》さんは有益なご意見を下さった。最後になるが、原著に記した当時の協力者（校正や図の提供）の皆様にも重ねてお礼申し上げたい。

これに続く私の言葉遣いに関する考えは原著の最後に書いたものであるが、現在でもほとんど変わらないものであり、そのまま掲載しておきたい。

附記・本書の言葉遣いについて

最近、私の勤める大学や博物館に関係する事業を含め、普及啓蒙と称する行為にあまりにも外来語が氾濫していることに強い違和感を覚えている。たとえば、「サイエンスカフェ」や「アウトリーチ」など、外来語をそのままカタカナにして使用している例が非常に多い。科学の普及啓蒙とは一部の教養人（いわゆる「インテリ」）や知識人を相手にしているわけではない。高齢者や子供はもちろん、たとえば「サイエンス」という単語の意味さえ知らないような、教育を十分に受けていない人など、むしろ教育的弱者こそが重要な対象であり、現状は普及啓蒙活動のもつべき精神に則っていないと言わざるをえない。

近代の日本では、西洋の文化を取り入れる際、多くの外国語を和訳して日本語の血や肉として取りこむとともに、教育と普及に役立ててきた。いまの学者の間ではそのような努力が急速に衰退しているようだ。英語教育の普及とともにカタカナ語に違和感が少なくなっているという現実もあるかもしれないが、多くの場合、単純に「洒落ている」「受けがいい」などの軽々しい動機からでしかなく、その背景には教養や思慮が欠如していると思われることが多い。

一切の外来語を排除するのは、いまの時代にあまりそぐわないかもしれないし、日本語にするといっても、むずかしい漢字を多用するのは本末の転倒であるが、研究活動に対する一般の理解がますます求められるいま、誰にでもわかりやすい言葉、受け入れやすい言葉を意識的に使う努力をするべきだと思っている。同時に、日本人たるもの、少なくとも日本語で不便のない用語や名称には日本語を使いたい。本書はその点に注意して書き進めた。不要なカタカナ語はできるだけ出さず、元となる外国語の専門用語がある場合、さらに調べたい人のために、必要に応じて用語のあとに括弧内にそれを示した。本書の対象である高校生以上の人であれば、十分に理解できるように書いたつもりだが、万が一わかりにくい点があればご指摘いただけるとうれしい。

また本来、「未記載種」「未記載属」と表現するものに対し、本書ではそれぞれ「新種」「新属」という言葉を用いた。分類学では「新」という文字は特別な意味をもち、その紙面が新しい分類群の発表や分類学的変更の場であるときにのみ使われる。しかしここでは、冗長さを避けるためと、一般読者の理解のし易さを考慮し、便宜的に使用した。

Science, **19**: 448-451.

Maruyama, M. & J. Parker, 2017. Deep-time convergence in rove beetle symbionts of army ants. *Current Biology*, **27**: 920-926.

Maruyama, M. & L. Zerche, 2014. Japanese species of the myrmecophilous genus *Thiasophila* Kraatz, 1856 (Coleoptera, Staphylinidae, Aleocharinae). *Esakia*, **54**: 17-25.

Naka T. & M. Maruyama, 2018. *Aphaenogaster gamagumayaa* sp. nov.: The first troglobiotic ant from Japan (Hymenoptera: Formicidae: Myrmicinae). *Zootaxa*, **4450**: 135-141.

Nozaki, T. & M. Maruyama, 2022. Taxonomy of *Homoeusa* Kraatz, 1856 (Coleoptera, Staphylinidae) from the East Palearctic: I. *Homoeusa rufescens* (Sharp, 1874) and a new allied species. *ZooKeys*, **1121**: 39-58

Tasaku, Y. & M. Maruyama, 2022. Taxonomy of the intertidal athetine genus *Eubadura* stat. nov. (Coleoptera: Staphylinidae: Aleocharinae) from Japan, with descriptions of two new species. *Acta Entomologica Musei Nationalis Pragae*, **62**: 137-144.

Tasaku, Y., H. Ono & M. Maruyama, 2023. Review of the intertidal rove beetle tribe Liparocephalini Fenyes (Coleoptera, Staphylinidae, Aleocharinae) from Japan. *Zootaxa*, **5383**: 251-296.

Yamamoto, S. & M. Maruyama, 2012. Revision of the seashore-dwelling subgenera *Emplenota* Casey and *Triochara* Bernhauer (Coleoptera: Staphylinidae: genus Aleochara) from Japan. *Zootaxa*, **3517**: 1–52.

Yamamoto, S. & M. Maruyama, 2013. Revision of the subgenus *Coprochara* Mulsant & Rey of the genus *Aleochara* Gravenhorst from Japan (Coleoptera: Staphylinidae: Aleocharinae). *Zootaxa*, **3641**: 201-222.

Yamamoto, S. & M. Maruyama, 2016a. Revision of the subgenus *Aleochara* Gravenhorst of the parasitoid rove beetle genus *Aleochara* Gravenhorst of Japan (Coleoptera: Staphylinidae: Aleocharinae). *Zootaxa*, **4101**: 1-68.

Yamamoto, S. & M. Maruyama, 2016b. Revision of the subgenus *Tinotus* Sharp, stat. n., of the parasitoid rove-beetle genus *Aleochara* Gravenhorst (Coleoptera, Staphylinidae, Aleocharinae) from Japan, Taiwan, and the Russian Far East. *ZooKeys*, **559**: 81-106.

Giulio, A. D., M. Maruyama, T. Komatsu & W. Sakchoowong, 2017. Larval juice anyone? The unusual behaviour and morphology of an ant nest beetle larva (Coleoptera: Carabidae: Paussini) from Thailand. *Raffles Bulletin of Zoology*, **65**: 49-59.

Hirooka, T., M. Maruyama & F. C. Thompson, 2015. Revision of the flower fly genus *Mallota* Meigen, 1822 (Diptera: Syrphidae) from Japan. *Japanese Journal of Systematic Entomology*, **21**: 241-258.

Hlaváč, P., J. Parker, M. Maruyama & M. Fikáček, 2021. Diversification of myrmecophilous Clavigeritae beetles (Coleoptera: Staphylinidae: Pselaphinae) and their radiation in New Caledonia. *Systematic Entomology*, **46**: 422-452.

Kakizoe, S., S. Kakinuma, K. Hoshino, R. Hashim, N. A. Abdullah, M. Maruyama, 2023. Myrmecophily of the enigmatic stag beetle *Torynognathus chrysomelinus* (Coleoptera: Lucanidae: Lucaninae) with remarks on adult morphology, immature stages, and systematic position. *Entomological Science*, **26**: e12539.

Maddison D.R. & M. Maruyama, 2019. Phylogenetic relationships and convergent evolution of ocean-shore ground beetles (Coleoptera: Carabidae: Trechinae: Bembidion and relatives). *Systematic Entomology*, **44**: 39-60.

Maruyama M., 2016. Revision of the hystrix Westwood, 1850 group of the genus *Paussus* Linné, 1775 (Coleoptera: Carabidae: Paussinae). I. Description of nineteen new species. *Japanese Journal of Systematic Entomology*, **22**: 55-86.

丸山宗利, 2022. キベリマルクビゴミムシの千葉県からの記録. 月刊むし, (614): 47.

丸山宗利・小松貴・工藤誠也・島田拓・木野村恭一, 2013. アリの巣の生きもの図鑑. 東海大学出版会.

丸山宗利(総監修)・矢後勝也・神保宇嗣(監修), 2021. 角川の集める図鑑GET！昆虫. KADOKAWA.

丸山宗利(総監修)・長島聖大・中峰空(副監修), 2022. 学研の図鑑LIVE 新版 昆虫. Gakken.

Maruyama, M., L. Bartolozzi, Y. Inui, H. O. Tanak, F. Hyodo, U. Shimizu-Kaya, Y. Takematsu, T. Hishi & T. Itioka, 2014a. A new genus and species of myrmecophilous brentid beetle (Coleoptera: Brentidae) inhabiting the myrmecophytic epiphytes in the Bornean rainforest canopy. *Zootaxa*, **3786**: 73-78.

Maruyama, M., K. Komatsu, Y. Katayama,, X.-B. Song & W. Sakchoowong, 2014b. Myrmecophilous rove beetles (Coleoptera: Staphylinidae) associated with *Aenictus hodgsoni* (Hymenoptera: Formicidae) from Thailand, with description of two new genera and three new species. *Zootaxa*, **3796**: 361-373.

Maruyama, M., K. Morimoto, L. Bartolozzi, W. Sakchoowong & R. Hashim, 2014c. On the myrmecophilous genus *Systellus* Kleine (Coleoptera: Brentidae), with systematic and biological notes on *S. mentaweicus* (Senna). *Raffles Bulletin of Zoology*, **62**: 805-811.

Maruyama M., T. Komatsu, W. Sakchoowong, 2016. Host record of the myrmecophilous carabid genus *Cryptocephalomorpha* (Coleoptera: Carabidae: Pseudomorphinae) with description of a new species from Thailand, *Entomological* cockroach genus and species from Sarawak (Blattaria: Blattellidae; Blattellinae). *Psyche*, **102**: 79-87.

Schlick-Steiner, B. C., F. M. Steiner, H. Konrad, B. Seifert, E. Christian, K. Moder, C. Stauffer & R. H. Crozier, 2008. Specificity and transmission mosaic of ant nest wall fungi. *Proceedings of the National Academy of Sciences of the United States of America*, **105**: 941-944.

Seevers, C. H., 1965. The systematics, evolution and zoogeography of staphilinid beetles associated with army ants (Coleoptera: Staphylinidae). *Fieldiana*: *Zoology*, **47**: 138-351.

Sharp. D., 1874. The Staphylinidae of Japan. *Transaction of the Entomological Society of London*, **1874**: 1-103.

Sharp. D., 1888. The Staphylinidae of Japan. *Annals and Magazine of Natural History*, (6), **2**: 278-295.

Taniguchi, K., M. Maruyama, T. Ichikawa and F. Ito, 2005. A case of Batesian mimicry between a myrmecophilous staphylinid beetle, *Pella* comes, and its host ant, *Lasius* (*Dendrolasius*) *spathepus*: an experiment using the Japanese treefrog, *Hyla japonica* as a real predator. *Insectes Sociaux*, **52**: 320-322.

Torossian, C., 1966. Recherches sur la biologie et l'éthologie des myrmécophilies: l' adoption du coléoptère *Amorphocephalus coronatus* Germar par des colonies de fourmis appartenant au genre *Camponotus*. *Comptes-Rendus de la Société de Biologie d. Toulouse*, **159**: 984-987.

von Beeren, C., M. Maruyama, H. Rosli & V. Witte, 2010. Differential host defense against multiple parasites in ants. *Evolutionary Ecology*, **25**: 259-276.

Weissflog, A., U. Maschwitz, R. H. L. Disney & K. Rosciszewski, 1995. A fly's ultimate con. *Nature*, **378**: 137.

Weissflog, A., E. Sternheim, W. H. O. Dorow, S. Berghoff & U. Maschwitz, 2000. How to study subterranean army ants: a novel method for locating and monitoring field populations of the South East Asian army ant *Dorylus* (*Dichthadia*) *laevigatus* Smith, 1857 (Formicidae, Dorylinae) with observations on their ecology. *Insectes Sociaux*, **47**: 317-324.

Wilson, E. O., 1964. The true army ants of the Indo-Australian Area (Hymenoptera: Formicidae: Dorylinae). *Pacific Insects*, **6**: 427-483.

［新書版　追加引用文献］

Boudinot, B.E., M. L. Borowiec & M. Prebus. 2023. Phylogeny, evolution, and classification of the ant genus *Lasius*, the tribe Lasiini and the subfamily Formicinae (Hymenoptera: Formicidae). *Systematic Entomology*, **47**: 113-151.

Brady, S. G., B. L. Fisher, T. D. Schultz, P. S. Ward, 2014. The rise of army ants and their relatives: diversification of specialized predatory doryline ants. *BMC Evolutionary Biology*. **14**: 2-14.

subfamily Termitoxeniinae (Diptera, Phoridae) in Japan, w. n of a new genus and species. *Entomological Science*, **14**: 75-81.

Maruyama, M., T. Matsumoto & T. Itioka, 2011. Rove beet optera: Staphylinidae) associated with *Aenictus laeviceps* (Hymenoptera: ae) in Sarawak, Malaysia: Strict host specificity, and first myrmecoi rini. *Zootaxa*, **3102**: 1-26.

Maruyama, M., S. Nomura & W. Sakchoowong, 2012. A new species of the g us *Euplatyrhopalus* (Coleoptera, Carabidae, Paussinae) from Thailand. *Esakia*, (52): 5-7.

丸山宗利・斉藤明子・志太利智・佐野正和, 2000. 佐倉市の昆虫類(昆虫目録). 佐倉市自然環境調査報告書: 239-310.

Maruyama M., F. M. Steiner, C. Stauffer, T. Akino, R. H Crozier, & B. C Schlick-Steiner, 2008. A DNA and morphology based phylogenetic framework of the ant genus *Lasius* with hypotheses for the evolution of social parasitism and fungiculture. *BMC Evolutionary Biology*, 2008, **8**: 237.

Maruyama, M., C. von Beeren & V. Witte, 2010a. Aleocharine rove beetles (Coleoptera, Staphylinidae) associated with *Leptogenys* Roger, 1861 (Hymenoptera, Formicidae) II. Two new genera and two new species associated with *L. borneensis* Wheeler, 1919. *ZooKeys*, **59**: 47-60.

Maruyama, M., C. von Beeren & R. Hashim, 2010b. Aleocharine rove beetles (Coleoptera, Staphylinidae) associated with *Leptogenys* Roger, 1861 (Hymenoptera, Formicidae) I. Review of three genera associated with *L. distinguenda* (Emery, 1887) and *L. mutabilis* (Smith, 1861). *ZooKeys*, **59**: 61-72.

Maschwitz, U., Steghaus-Kovac, S., Gaube, R. & H Hänel, 1989. A South East Asian ponerine ant of the genus *Leptogenys* (Hym., Form.) with army ant habits. *Behavioral Ecology and Sociobiology*, **24**: 305-316.

Moreau, C. S., C. D. Bell, R. Vila, S. B. Archibald & N. E. Pierce, 2006. Phylogeny of the ants: diversification in the age of angiosperms. *Science*, **312**(5770): 101-104.

Naomi, S & M. Maruyama, 1997. A revision of the genus *Sepedophilus* Gistel (Coleoptera, Staphylinidae, Tachyporinae) from Japan: Species group of *S. armatus*. *Japanese Journal of Systematic Entomology*, **3**(2): 239-257.

野村周平・丸山宗利, 2011. 日本初記録の好蟻性甲虫コブヒゲアリヅカムシ(和名新称)(ハネカクシ科: アリヅカムシ亜科). さやばねNS, (4): 28.

Ôhara, M., 1999. A revision of the superfamily Histeroidea of Japan (Coleoptera). Supplementum 1. *Insecta Matsumurana, N. S.*, **55**: 75-132.

Quinet, Y. & J. M. Pasteels, 1995. Trail following and stowaway behaviour of the myrmecophilous staphylinid beetle, *Homoeusa acuminata*, during foraging trips of its host *Lasius fuliginosus* (Hymenoptera: Formicidae). *Insectes Sociaux*, **42**: 31-44.

Rettenmeyer, C. W., M. E. Rettenmeyer, J. Joseph & S. M. Berghoff, 2010. The largest animal association centered on one species: the army ant Eciton burchellii and its more than 300 associates. *Insectes Sociaux*, **58**: 281-292.

Roth, L. M. 1995. *Pseudoanaplectinia yumotoi*, a new ovoviviparous myrmecophilous

.., 2006. Revision of the Palearctic species of the myrmecophilous genus Coleoptera, Staphylinidae, Aleocharinae). *National Science Museum aphs, Tokyo*, (32): 1-207.

2006. 効果的な簡易型屋根付きFITとその作り方. 甲虫ニュース, (153): 20-

a, M., 2008. *Giraffaenictus eguchii* (Coleoptera, Staphylinidae, Aleocharinae), a genus and species of fully myrmecoid myrmecophile from a colony of *Aenictus ighami* (Hymenoptera, Formicidae, Aenictinae) in Vietnam. *Esakia*, (48): 51-56.

ama, M. 2012. A new genus and species of flightless, microphthalmic Corythoderini (Coleoptera: Scarabaeidae: Aphodiinae) from Cambodia, associated with *Macrotermes termites. Zootaxa*, 3555: 83-88.

uyama, M. & K. -J. Ahn, 2000. Redescription of *Liparocephalus litoralis* Kirschenblatt, and a key to the species of the genus *Liparocephalus* Maeklin (Coleoptera: Staphylinidae: Aleocharinae). *Canadian Entomologist*, **132**(5): 567-571.

Maruyama M., T. Akino, R. Hashim & T. Komatsu, 2009. Behavior and cuticular hydrocarbons of myrmecophilous insects (Tysanura; Coleoptera: Staphylinidae; Diptera: Phoridae) associated with Asian Aenictus army ants (Hymenoptera; Formicidae). *Sociobiology*, **54**: 19-35.

Maruyama, M. & R. H. L. Disney, 2008. Scuttle flies associated with Old World army ants in Malaysia (Diptera: Phoridae; Hymenoptera, Formicidae, Dorylinae). *Sociobiology*, **51**: 65-71.

Maruyama, M., R. H. L. Disney & R. Hashim, 2008. Three new species of legless, wingless scuttle flies (Diptera: Phoridae) associated with army ants (Hymenoptera: Formicidae) in Malaysia. *Sociobiology*, **52**: 485-496.

Maruyama, M. & M. Hayashi, 2009. Description of the intertidal aleocharine *Halorhadinus sawadai* sp. n. from Japan, with notes on the genus *Halorhadinus* Sawada, 1971. *Koleopterologische Rundschau*, **79**: 71-82.

Maruyama, M. & T. Hironaga, 2004. *Microdon katsurai*, a new species of myrmecophilous hoverfly (Diptera, Syrphidae) from Japan, associated with *Polyrhachis lamellidens* (Hymenoptera, Formicidae). *Bulletin of National Science Museum, Tokyo, Ser. A*, **30**(4): 173-179.

Maruyama, M. & R. Iwata, 2002. Two new termitophiles of the tribe Termitohospitini (Coleoptera: Staphylinidae: Aleocharinae) associated with *Coptotermes formosanus* (Isoptera: Rhinotermitidae). *Canadian Entomologist*, **134**(4): 419-432.

Maruyama, M., Kanao, T., Iwata, R. 2012. Discovery of two aleocharine staphylinid species (Coleoptera) associated with *Coptotermes formosanus* (Isoptera: Rhinotermitidae) from Central Japan, with a review of the possible natural distribution of *C. formosanus* in Japan and surrounding countries. *Sociobiology*, **59**: 605-616.

Maruyama, M., T. Komatsu & R. H. L. Disney, 2011. Discovery of the termitophilous

49: 83-87.

Kistner, D. H., 1969. The biology of termitophiles. *Biology of Termites*. Vol. I (K. Krishna & F.M. Weesner, eds.), Academic Press: 525-557.

Kistner, D.H., 1985. A new genus and species of termitophilous Aleocharinae from mainland China associated with *Coptotermes formosanus* and its zoogeographic significance (Coleoptera: Staphylinidae). *Sociobiology*, **10**: 93-104.

Kistner, D. H., 1989. New genera and species of Aleocharinae associated with ants of the genus *Leptogenys* and their relationships (Coleoptera: Staphylinidae; Hymenoptera: Formicidae). *Sociobiology*, **15**: 209-323.

Kistner, D.H., 1993. A new species of *Drusilla* from the Philippines that is predaceous upon Hospitalitermes (Coleoptera: Staphylinidae; Isoptera: Termitidae). *Sociobiology*, **23**: 183-188.

Kistner, D. H., S. M. Berghoff, & U. Maschwitz, 2003. Myrmecophilous Staphylinidae (Coleoptera) associated with *Dorylus* (*Dichthadia*) *laevigatus* (Hymenoptera: Formicidae) in Malysia with studies of their behavior. *Sociobiology*, **41**: 209-266.

Kistner, D. H. & H. R. Jacobson, 1975. A review of the myrmecophilous Staphylinidae associated with Aenictus in Africa and the Orient (Coleoptera; Hymenoptera, Formicidae) with notes on their behavior and glands. *Sociobiology*, **1**: 20-73.

Kistner D. H., C. von Beeren & V. Witte, 2008. Redescription of generitype of Trachydonia and a new host record for *Maschwitzia ulrichi* (Coleoptera: Staphylinidae). *Sociobiology*, **52**: 497-524.

Kistner, D. H., A. Weissflog, K. Ro´sciszewski & U. Maschwitz, 1997. New species, new genera, and new records of myrmecophiles associated with army ants (*Aenictus* sp.) with the description of a new subtribe of Staphylinidae (Coleoptera; Hymenoptera, Formicidae). *Sociobiology*, **29**: 123-221.

Komatsu, T., M. Maruyama & T. Itino, 2009. Behavioral differences between two ant cricket species in Nansei Islands: host-specialist versus host-generalist. *Insectes Sociaux*, **56**: 389-396.

Maruyama, M., 2000. A revision of the myrmecophilous genus *Aspidobactrus* (Coleoptera, Staphylinidae, Aleocharinae). *Sociobiology*, **35**: 149-173.

Maruyama, M., 2004a. Taxonomy of the myrmecophilous genus *Myrmecopella* (Coleoptera, Staphylinidae, Aleocharinae) with descriptions of seven new species. *Koleopterologische Rundschau*, **74**: 201-219.

Maruyama, M., 2004b. A permanent slide under a specimen. *Elytra*, **32**: 276.

Maruyama, M., 2004c. *Drusilla keiichii* (Coleoptera: Staphylinidae: Aleocharinae), a new termitophile associated with *Hospitalitermes* (Isoptera: Termitidae) from Thailand. *Entomological Review of Japan*, **59**: 249-254.

Maruyama, M., 2004d. Four new species of the genus *Myrmecophilus* (Orthoptera, Myrmecophilidae) from Japan. *Bulletin of National Science Museum, Tokyo, Ser. A*, **30**(1): 37-44.

Maruyama, M., 2004d. Redescription of *Creochara* (Coleoptera, Staphylinidae, Aleocharinae, Aleocharini) and its systematic position. *Canadian Entomologist*, **136**:

引用文献

Ahn, K. -J. & J. S. Ashe, 1996. Phylogeny of the intertidal aleocharine tribe Liparocephalini (Coleoptera: Staphylinidae). *Systematic Entomology*, **21**: 99-114.

Ahn, K. -J., M. -J. Jeon & M. Branham, A., 2010. Phylogeny, biogeography and the stepwise evolutionary colonization of intertidal habitat in the Liparocephalini based on morphological and molecular characters (Coleoptera: Staphylinidae: Aleocharinae). *Cladistics*, **26**: 344-358.

Akino, T., 2002. Chemical camouflage by myrmecophilous beetles *Zyras comes* (Coleoptera: Staphylinidae) and *Diaritiger fossulatus* (Coleoptera: Pselaphidae) to be integrated into the nest of *Lasius fuliginosus* (Hymenoptera: Formicidae). *Chemoecology*, **89**: 83-89.

Ballerio, A. & M. Maruyama, 2010. The Ceratocanthinae of Ulu Gombak: high species richness at a single site, with descriptions of three new species and an annotated checklist of the Ceratocanthinae of Western Malaysia and Singapore (Coleoptera, Scarabaeoidea, Hybosoridae). In: Ratcliffe B, Krell F-T (Eds) Current advances in Scarabaeoidea research. *Zookeys*, **34**: 77-104.

Berghoff, S. M., A. Weissflog, K. E. Linsenmair, R. Hashim & U. Maschwitz, 2002. Foraging of a hypogaeic army ant: a long neglected majority. *Insectes Sociaux*, **49**: 133-141.

Brady, S. G., 2003. Evolution of the army ant syndrome: The origin and long-term evolutionary stasis of a complex of behavioral and reproductive adaptations. *PNAS*, **100**: 6575-6579.

Donithorpe, H. St. J. K., 1921. *The Guests of British Ants. Their Life-history and Classification*. Plymouth, W. Brendon, London.

Emery, C., 1909. Über den Ursprung der dulotischen, parasitischen und myrmekophilen Ameisen. *Biologisches Centralblatt*, **29**: 352-362.

Franc, V., 1992. Myrmecophilous beetles of Slovakia with special reference to their endangerment and perspectives for protection. *Acta Universitatis Carolinae, Biologica*, **36**: 299-324.

Hironaga, T. & M. Maruyama, 2004. The myrmecophilous hoverfly genus *Microdon* (Diptera, Syrphidae, Microdontinae) in Hokkaido, Japan, with descriptions of four new species. *Bulletin of the National Science Museum. Series A, Zoology*, **30**: 87-103.

Hlaváč, P., A. F. Newton & M. Maruyama, 2011. World catalogue of the species of the tribe Lomechusini (Staphylinidae: Aleocharinae). *Zootaxa*, **3075**: 1-151.

Hölldobler, B., M. Möglich & U. Maschwitz, 1981. Myrmecophilic relationship of *Pella* (Coleoptera: Staphylinidae) to *Lasius fuliginosus* (Hymenoptera: Formicidae). *Psyche*, **88**: 347-374.

Hölldobler, B. & E. O. Wilson, 1994. *Journey to the Ants*. Belknap Press of Harvard University Press, Cambridge, MA.

加納六郎・斉藤明子・丸山宗利・佐野正和, 1999. 佐倉産ハエ類の記録. 千葉生物誌,

著者略歴

丸山宗利《まるやまむねとし》

一九七四年生まれ、東京都出身。
北海道大学大学院農学研究科博士課程修了。博士(農学)。
国立科学博物館、フィールド自然史博物館(シカゴ)研究員を経て
二〇〇八年より九州大学総合研究博物館助教、一七年より准教授。
アリやシロアリと共生する昆虫を専門とし、アジアにおけるその第一人者。
昆虫の面白さや美しさを多くの人に伝えようと、
メディアやSNSで情報発信している。
『昆虫学者、奇跡の図鑑を作る』『昆虫はすごい』など著書多数。
『学研の図鑑LIVE　昆虫　新版』『角川の集める図鑑　GET!　昆虫』など
多くの図鑑の監修を務める。

幻冬舎新書 726

アリの巣をめぐる冒険
昆虫分類学の果てなき世界

二〇二四年四月二十五日 第一刷発行

著者 丸山宗利
発行人 見城 徹
編集人 小木田順子
編集者 前田香織

発行所 株式会社 幻冬舎
〒一五一−〇〇五一 東京都渋谷区千駄ヶ谷四−九−七
電話 〇三−五四一一−六二一一(編集)
〇三−五四一一−六二二二(営業)
公式HP https://www.gentosha.co.jp/

ブックデザイン 鈴木成一デザイン室
印刷・製本所 中央精版印刷株式会社

GENTOSHA

検印廃止

Printed in Japan ISBN978-4-344-98728-9 C0295
ま-10-3

＊この本に関するご意見・ご感想は、左記アンケートフォームからお寄せください。
https://www.gentosha.co.jp/e/